国家自然科学基金项目(51474011)资助
国家自然科学基金项目(51804009)资助
国家自然科学基金项目(51874011)资助

高泥化煤泥水中微细颗粒疏水聚团特性及机理研究

陈 军 著

中国矿业大学出版社

·徐州·

图书在版编目(ＣＩＰ)数据

高泥化煤泥水中微细颗粒疏水聚团特性及机理研究 /
陈军著. —徐州 ：中国矿业大学出版社，2022.6
 ISBN 978 - 7 - 5646 - 5412 - 2

 Ⅰ. ①高… Ⅱ. ①陈… Ⅲ. ①选煤—煤泥水处理—絮
凝—沉降—吸附—研究 Ⅳ. ①TD94

中国版本图书馆 CIP 数据核字(2022)第 094235 号

书　　名	高泥化煤泥水中微细颗粒疏水聚团特性及机理研究
著　　者	陈　军
责任编辑	褚建萍
出版发行	中国矿业大学出版社有限责任公司
	(江苏省徐州市解放南路　邮编221008)
营销热线	(0516)83884103　83885105
出版服务	(0516)83995789　83884920
网　　址	http://www.cumtp.com　**E-mail**：cumtpvip@cumtp.com
印　　刷	江苏凤凰数码印务有限公司
开　　本	787 mm×960 mm　1/16　**印张** 10　**字数** 207 千字
版次印次	2022 年 6 月第 1 版　2022 年 6 月第 1 次印刷
定　　价	45.00 元

(图书出现印装质量问题,本社负责调换)

序

　　煤炭作为我国基础能源具有"兜底保障"的根基重要性，而选煤是煤炭高效清洁利用的源头技术。在国家对生态文明建设极其重视的新时代，大力发展高效选煤技术、提高煤炭清洁度是新时期的必然需求。

　　煤泥水是煤炭湿法分选过程产生的工业废水，其沉降澄清是选煤工艺流程中的关键环节之一。我国原煤以湿法分选为主，年产生煤泥水 100 亿 m^3 以上。煤泥水中的主要组分——微细黏土矿物颗粒表面亲水、荷电，并受煤泥水溶液化学环境等因素的影响形成复杂多变的表/界面特性，导致煤泥水中微细黏土矿物颗粒间微观作用复杂多变，给煤泥水沉降/脱水带来极大阻碍。因此，煤泥水的高效沉降/脱水是选煤行业亟待解决的技术难题。

　　该书采用理论计算分析与试验相结合的研究方法，深入探讨了疏水改性剂对煤泥水中主要矿物颗粒界面疏水调控机理，从原子/分子层面揭示了水及疏水改性剂在煤泥颗粒表面吸附的微观机理；掌握了煤泥水疏水聚团特性及其影响规律，基于颗粒表面水化导致煤泥水难沉降的难题，提出了水化膜破解煤泥水疏水聚团沉降澄清新方法；从颗粒界面原子间的微观作用角度探索了煤泥水中微细煤与高岭石颗粒间的相互作用机制。研究成果丰富了煤泥水处理基础理论，同时为煤泥水处理新技术开发提供了技术支持。

　　陈军副教授多年来一直从事煤泥水微细颗粒界面微观特性及其调控理论与技术研究，近年来在煤泥水疏水聚团特性及机理方面开展了大量具有前瞻性的研究工作。本书是作者多年的研究成果，取材新颖，内容丰富，方法科学，数据可靠，具有较好的系统性，并具有多项创新性研究成果。相信该书的出版必将会推动煤泥水沉降/脱水技术研究的不断深入，并推动我国煤泥水处理技术创新。

安徽理工大学　二级教授　博士生导师

2022 年 7 月 18 日于淮南

前　言

　　煤泥水是选煤厂湿法选煤产生的工业废水,它的沉降澄清是选煤工艺流程中的关键环节之一。然而,采煤机械化程度加大及原煤煤质变差,导致大量高泥化煤泥水的产生。高泥化煤泥水具有粒度细、黏土矿物含量高及颗粒表面电负性强等特点,严重加大了其处理的难度。本书以淮南矿区高泥化煤泥水及煤泥水中主要微细颗粒煤和高岭石为研究对象,采用试验和量子化学/分子动力学模拟相结合的方法,对疏水改性剂作用下高泥化煤泥水中微细颗粒疏水聚团特性及机理进行了深入研究,为高泥化煤泥水沉降澄清的新技术开发及新药剂设计提供了理论基础。

　　全书共分6章,第1章为绪论;第2章介绍了煤泥水中微细颗粒界面结构特性;第3章介绍了疏水改性剂作用下煤泥水中微细颗粒疏水聚团特性;第4章介绍了水/疏水改性剂在煤与高岭石表面吸附的密度泛函研究;第5章介绍了水/疏水改性剂在煤与高岭石表面吸附的分子动力学研究;第6章为主要结论与展望。本书突破传统的凝聚-絮凝煤泥水沉降技术,基于颗粒表面水化导致煤泥水难沉降的难题,提出了基于水化膜破解的煤泥水疏水聚团沉降澄清的新方法;基于量子化学/分子动力学模拟,从原子/分子层面揭示了水及疏水改性剂在煤泥颗粒表面吸附的微观机理,使传统的宏观试验药剂的优化选择方式,转变为从药剂分子/水分子吸附的微观选择性差异进行精准判断;从颗粒界面原子/分子间的微观作用机理探索了煤泥水中微细煤颗粒与微细高岭石颗粒间的相互作用机制,为研究溶液中颗粒间相互作用提供了新途径。

　　本书的研究工作获得了国家自然科学基金(51474011、51804009、51874011)的资助,在此表示感谢! 另外还要感谢闵凡飞教授、刘令云教授等人为本书所做的贡献。

　　由于时间仓促和笔者水平有限,书中难免存在错误、疏漏和不严谨之处,恳请广大读者批评指正。

著　者

2022 年 3 月

目　　录

1　绪　　论

1.1　研究背景及意义

我国煤炭资源十分丰富,且煤种齐全,已查明储量 1.3 万亿 t,预测总量 5.57 万亿 t[1]。近年来我国煤炭产量和消费量逐年增长,是世界上煤炭最大生产国和消费国[2]。根据《中国统计年鉴 2021》数据显示,我国 2020 年原煤生产总量为 39.02 亿 t,占一次能源生产总量的 67.6%[3]。同时,在中国一次能源生产和消费结构中,煤炭始终占主体部分[4],这就决定了中国在今后较长时期内以煤为主的能源结构难以改变[5,6]。

煤炭中含有矸石、硫等杂质,不仅影响煤炭在电厂和工业的利用效率,且燃烧后还会排放大量烟尘和 SO_2 等污染物污染环境。因此,采用洁净煤技术提高煤炭加工、转化、燃烧效率和减少污染至关重要,其中分选加工为源头技术[7,8]。早在 2009 年,我国就以 30.2 亿 t 的煤炭消费量和超过 15 亿 t 的原煤入选量成为世界第一选煤大国[9]。到 2020 年,我国原煤入选比例已经达到 74.1%[3]。因此,在坚持可持续发展和环境保护的前提下,实现我国煤炭产业结构调整和优化升级的关键就是提高原煤入选比例[10-12]。

根据选煤工艺和方法,煤炭分选加工可分为重介选、跳汰选和浮选,且这三种工艺的分选介质多为水或水的混合物,通常情况每分选 1 t 原煤需用 3～5 m^3 水,进而导致分选过程会伴随大量煤泥水的产生[13]。煤泥水处理系统作为选煤流程中的重要环节,是实现洗水浓度降低和闭路循环的关键[14,15]。然而,随着原煤煤质的变差和采煤机械化程度不断提高,采出的原煤中矸石含量偏大,进而使得选煤过程产生的煤泥水多为高泥化难沉降煤泥水。高泥化煤泥水中富含强亲水性的黏土矿物,其颗粒表面易形成水化膜,颗粒间的水化斥力和空间位阻效应会阻碍颗粒相互聚集,使煤泥水分散体系始终保持较强的胶体稳定性[16-18],严重增加了煤泥水沉降的难度。按传统混凝沉降技术对高泥化煤泥水进行沉降澄清处理,效果并不理想。因此,结合难沉降煤泥水溶液化学性质及微细矿物颗粒界面特性,研究开发煤泥水沉降新技术是十分必要的[19,20]。

本书通过对高泥化煤泥水中微细颗粒疏水聚团特性及机理进行研究,不仅提出了实现高泥化煤泥水高效聚团沉降澄清的煤泥水疏水聚团沉降新技术,还可为煤泥水处理过程中疏水改性剂的选择和煤泥水中微细颗粒界面调控提供理论基础,对解决目前选煤厂煤泥水处理及相关废水处理存在的问题具有重要的科学理论意义与实际意义。

1.2 煤泥水沉降澄清技术研究现状及进展

1.2.1 煤泥水中微细颗粒难沉降特性

高泥化煤泥水中微细颗粒主要有以下三点难沉降特性:

(1)浓度高使煤泥水体系易结构化,粒度细造成沉降粒径小,弱化颗粒重力沉降作用,强化胶体稳定性,不利于煤泥水中微细颗粒的聚团沉降。

(2)黏土矿物含量高,Sabah 等[21]研究发现煤泥水中约一半悬浮颗粒都是黏土矿物。黏土矿物主要从三个方面限制煤泥水沉降:① 黏土颗粒表面呈强亲水性,水化作用使颗粒表面具有弹性水化层,水化斥力阻碍煤泥的聚集沉降[22];② 黏土矿物的存在,能够提高煤泥颗粒表面整体电负性[23,24],使煤泥颗粒稳定悬浮,难以沉降;③ 黏土矿物极易泥化[25,26],增加了煤泥水的细泥含量。

(3)煤泥水中微细颗粒表面带有大量负电荷,颗粒间靠近时会产生很强的静电斥力,不利于煤泥水中微细颗粒的聚团沉降。

1.2.2 煤泥水沉降澄清技术

1. 混凝沉降技术

混凝沉降技术是传统的煤泥水沉降澄清技术之一,其基本原理[27]为:通过添加相应的混凝剂,使煤泥水中分散的微细颗粒与溶解态絮凝剂间产生化学吸附、电中和及絮凝架桥作用;然后在流体力学作用下强化颗粒间的碰撞,进而形成较大絮团,强化重力沉降,达到加速煤泥水澄清的目的。

2. 电处理沉降技术

电化学方法被广泛应用于工业废水的处理领域[28,29]。电处理沉降技术,一般是指根据煤泥颗粒表面负电特性,通过采用电化学方法直接或间接达到煤泥水沉降目的的技术统称。目前较为常用的电处理沉降技术主要有电凝聚法和电渗法。

(1)电凝聚法

电凝聚法是指在外加电场作用下，铁、铝等可溶性金属阳极板在水溶液中会氧化电解生成金属离子，金属离子经一系列水解及氧化过程后逐渐形成各种羟基络合物和氢氧化物，对废水中的胶体颗粒起到压缩双电层、电性中和絮凝网捕等作用，从而加速胶体颗粒聚集沉降的过程[30]。董宪姝等[31]采用电化学预处理煤泥水的方法对煤泥水沉降特性进行了试验研究，结果表明：通过电化学预处理，能够压缩煤泥颗粒表面双电层，降低颗粒表面电负性，弱化甚至消除煤泥颗粒间排斥力，进而促进煤泥聚集沉降。

（2）电渗法

电渗法是一种改善土性的加固方法，主要通过在土中插入通以直流电的金属电极，使土中的水在电场作用下从阳极流向阴极产生电渗，达到减小土含水率及降低地下水位的目的。Dong 等[32]采用电渗法对煤泥进行了脱水研究，指出电场强度和电流密度对煤泥的脱水效果有显著影响，当电场强度为 60 V/m 和电流密度为 0.079 A/m^2 时能得到滤饼最低水分分别为 16.08% 和 22.38% 的脱水效果。

3．微生物絮凝沉降技术

微生物絮凝沉降技术是指用微生物絮凝剂代替化学絮凝剂进行煤泥水处理的一种絮凝沉降技术[33]。微生物絮凝沉降技术处理煤泥水的絮凝机理主要可归纳为以下三种[34,35]。

（1）吸附架桥作用

含有羧基、羟基及氨基等活性基团的生物絮凝剂大分子，能够通过离子键、氢键或范德瓦耳斯作用力在微细矿物颗粒表面发生吸附，同时具有一定链长的絮凝剂分子可吸附多个颗粒，实现胶体颗粒间的架桥，达到絮凝沉降目的。

（2）吸附电中和作用

微细煤泥颗粒表面荷有一定量的负电，当荷正电的生物大分子吸附在煤泥颗粒表面时，会中和颗粒表面一部分负电荷，减小颗粒间静电斥力，使得颗粒间更容易发生碰撞，进而实现絮凝沉降。

（3）化学作用

微生物絮凝剂在颗粒表面的吸附主要是微生物絮凝剂大分子中的活性基团与颗粒表面相应基团发生了化学反应，从而实现颗粒的聚集沉降。

微生物絮凝沉降技术早在 20 世纪 80 年代就开始应用于工业废水处理领域[36]，此后逐渐应用到煤泥水处理领域。吴学凤等[37]通过试验研究指出，活化酱油曲霉产生的微生物絮凝剂对煤泥水具有很好的絮凝效果。张东晨等[38]采用正交试验法对黄孢原毛平革菌作用下煤泥水的絮凝效果进行了研究,并得出煤泥水的最佳絮凝条件。

4. 其他沉降技术

除了上述常见的煤泥水沉降技术外,近几年还出现了一些煤泥水沉降新技术,如外电场辅助煤泥水沉降技术、磁种絮凝沉降技术、微波辐照辅助煤泥水沉降技术及煤泥水疏水聚团沉降技术等。王雷[39]通过改变外电场条件,对淮南矿区高泥化煤泥水进行了外电场辅助沉降试验研究,结果指出外加电场可以加速煤泥水微细颗粒的沉降。李宏亮[40]通过对外电场作用下微细颗粒沉降动力学模拟,研究了外电场作用下微细煤泥的单颗粒及粒群的沉降速度,结果表明:外电场的作用能够加速单个煤泥颗粒的沉降;对于粒群的沉降,外电场能够增大煤泥水沉降澄清区的透光率,减小煤泥颗粒的 Zeta 电位。吕玉庭等[41]对煤泥水进行了磁种絮凝沉降试验,结果表明:煤泥水絮凝沉降速度与磁感应强度和磁化时间成正比,而沉积物厚度和上清液浊度与磁感应强度和磁化时间成反比;煤泥水絮凝沉降速度随磁种用量的增加先增大后减小,上清液浊度随磁种用量的增大先减小后增大。王卫东等[42]探索了微波辐照前后煤泥水的沉降特性,发现煤泥水经微波辐照预处理后,其沉降特性得到明显改善,絮凝沉降效果显著。陈军等[43,44]采用季铵盐类疏水改性剂开展了高泥化煤泥水疏水聚团沉降试验研究,取得了较好的结果,并对季铵盐作用下煤泥颗粒的疏水聚团作用机理进行了探讨。

1.3 微细矿物颗粒疏水聚团研究进展

1.3.1 微细矿物颗粒疏水聚团的形成机理

微细矿物颗粒表面疏水化是形成疏水聚团的前提条件[45]。早在 1933 年 Gauden 就已发现黄药对方铅矿具有疏水聚团作用;此后,在 1950 年 Rebinder 首次提出了疏水絮凝的概念,指出水溶液环境中微细矿物颗粒表面疏水化能够导致其形成大而疏松的聚团[46]。但对于疏水改性剂作用下的疏水聚团形成机理,国内外一直没有系统的研究,一直到 1983 年卢寿慈等[47]通过对石英-胺及菱锰矿-油酸体系的疏水聚团进行势能计算和理论探讨,首次提出了微细矿物颗粒间的疏水作用理论,认为微细矿物颗粒间的疏水作用主要包括疏水矿粒间的疏水作用能和碳氢链间的疏水缔合能。首先,水中疏水矿粒的形成导致水分子间的部分氢键断裂,系统自由能因与疏水矿粒相邻水分子结构的致密化和有序化而增大,为降低系统自由能,水分子对疏水矿粒产生排斥,使其互相吸引形成疏水聚团;其次,当疏水矿粒相互靠近时,不同矿粒表面的捕收剂（十二胺和油酸钠，主要结构为极性基和碳氢链）吸附膜开始接触，使得不同捕收剂的碳氢链间开始产生交叉缔合作用（图 1-1），进一步释放能量，强化疏水聚团的形成，使疏水聚团趋于稳定并继续生长。

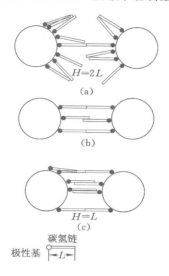

图 1-1　疏水矿粒间的疏水缔合作用

综上所述，微细矿物颗粒的疏水聚团是由颗粒表面疏水作用引起的。由于 DLVO 理论仅仅只包括颗粒间的静电作用力和范德瓦耳斯作用力，并没有考虑颗粒间的疏水作用力，所用微细矿物颗粒的疏水聚团行为并不符合经典的 DLVO 理论。微细矿物颗粒疏水聚团遵循 EDLVO 理论（扩展的 DLVO 理论），EDLVO 理论认为颗粒界面能应同时包括 DLVO 相互作用和非 DLVO 相互作用。当颗粒间距小于 20 nm 时，颗粒间疏水作用开始显著，此时颗粒间疏水作用能 U_{HR}[48] 可以表示为：

$$U_{HR} = -2.51 \times 10^{-3} R K_1 h_0 \exp(-H/h_0) \tag{1-1}$$

式中，R 为颗粒半径；K_1 为系数；h_0 为衰减长度。

疏水作用能使颗粒间的疏水相互作用表现为强吸引力，总相互作用能由疏水引力作用能提供。所以，即使在颗粒表面电负性很高的条件下，疏水引力也能克服静电斥能，使疏水矿粒相互吸引形成疏水聚团。Yin 等[49] 通过试验研究对油酸钠-赤铁矿体系疏水絮凝的总相互作用能进行了计算，结果表明：体系疏水絮凝状态主要受颗粒间双电层排斥能和疏水作用势能支配，双电层排斥导致颗粒靠近时存在的能垒，容易被机械搅拌所克服，使得颗粒进一步靠近接触时粒间疏水作用能显著增大，颗粒在疏水引力作用下形成聚团。

1.3.2 疏水聚团分选工艺

凡是微细矿物颗粒表面经选择性疏水化,疏水矿粒相互吸引形成疏水聚团,再通过相应物理方法进行分离的工艺,均可称为疏水聚团分选工艺。目前在浮选领域所应用的疏水聚团分选工艺主要有剪切絮凝浮选、选择性油团聚分选、载体浮选等[50]。

1. 剪切絮凝浮选

剪切絮凝浮选是指在高剪切条件下搅拌悬浮液使矿粒团聚,再直接用浮选回收的一种选矿方法。Ng 等[51]采用 PNIPAM(N-异丙基丙烯酰胺)对微细赤铁矿颗粒进行了剪切絮凝浮选试验,结果指出阴离子型聚合物 PNIPAM 在赤铁矿的剪切絮凝浮选中同时具备了絮凝剂和捕收剂的作用,能够促进微细赤铁矿形成疏水聚团,并有利于矿化气泡的生成。邹文杰等[52]通过对剪切絮凝浮选中聚丙烯酰胺在煤及高岭石颗粒表面的吸附等温线和吸附量差值的测定,考察了聚丙烯酰胺对煤和高岭石的选择性,结果表明:阴离子型聚丙烯酰胺对煤的选择性较好,而阳离子型聚丙烯酰胺对高岭石的选择性较好。Sahinkaya 等[53]分别对阴离子型疏水改性剂和金属阳离子无机盐作用下硬硼酸钙石的剪切絮凝行为进行了试验研究,试验结果指出:油酸钠作用下硬硼酸钙石的絮凝效果比十二烷基硫酸钠作用下硬硼酸钙石的絮凝效果更好,且油酸钠适应更广的 pH 范围;镁、钡、铝和铁等金属阳离子存在时,也能很好地促进硬硼酸钙的絮凝效果。

2. 选择性油团聚分选

选择性油团聚分选是一种处理微细矿物颗粒的有效途径,可根据非极性油的用量分为三类[50]:油水比约 1% 为乳化浮选;油水比约 5% 为油团聚分选;油水比为 10%～20% 为两液分离。

(1)乳化浮选

乳化浮选又称为团聚浮选,是首先对捕收剂、非极性油及乳化剂进行乳化处理,将乳化药剂添加入矿浆中,再经过强机械搅拌使目的矿物形成疏水聚团的浮选工艺。该工艺的油药比通常为 0.6～2.0。

乳化浮选在煤浮选领域应用较为广泛。Boylu 等[54]针对亲水性煤矸石夹带浮选问题,对低品质煤进行了乳化浮选研究,认为乳化药剂的添加量对气泡转化率具有显著影响,进而影响浮选效果。解维伟等[55]采用乳化柴油与柴油作为捕收剂对乌海肥煤进行了乳化浮选降灰试验研究,结果表明乳化柴油比柴油具有更好的选择性,在可燃体回收率相同的情况下得到的精煤灰分更低。

(2)油团聚分选

油团聚分选又称球团聚分选,由加拿大研究委员会首次提出,其原理[56]是:通过捕收剂使矿浆中目的矿物颗粒表面疏水化,再用非极性油在疏水矿粒表面形成油桥,强化矿浆悬浮体系中微细矿粒的疏水聚团行为,进而使表面吸附有非极性油的矿粒相互吸引和黏附,形成油聚团,最后用常规浮选进行分离回收。近年来,油团聚分选广泛应用在很多领域,如煤的脱硫及脱水领域、金浮选领域、金属氧化物及金属浮选领域、脱墨浮选领域等。

徐建平等[57]对混合煤样进行了黄铁矿油团聚分选的脱硫试验研究,试验确定了分选出黄铁矿的最佳试验条件,并得出 73.12% 的黄铁矿硫的最佳脱除率及 84.01% 最佳精煤产率。在此之后,徐建平等[58]还自主开发了一种油团聚脱硫工艺,并用此脱硫工艺研究了不同复合药剂对高硫煤中细粒黄铁矿的脱除效果,结果表明:试验所用复合药剂,不仅能够稳定脱除煤中的黄铁矿,而且对煤样的聚团具有显著的促进效果。刘杰等[59]采用油团聚法考察了不同药剂(煤油和柴油)及药剂复配对浮选精煤脱水的影响,结果指出油聚团分选对细粒浮选精煤不仅有很好的脱水效果,而且还能从一定程度上降低精煤灰分。

Sen 等[60]在现有煤-油-金团聚法基础上提出了一种煤-油团聚辅助微细粒金浮选法,结果表明:煤-油团聚辅助金浮选法能有效回收 $300 \sim 53~\mu m$ 粒级的微细金颗粒,且比传统煤-油-金团聚法所用的煤和团聚剂用量小;并指出在煤、油用量比为 30:1 时能获得最佳细粒金的回收率。

沙多夫斯基等[61]采用油团聚浮选对氧化锌(ZnO)和氧化镁(MgO)的水悬浮液进行试验,并对自然 pH 值下吸附在两种氧化物上的疏水改性剂的吸附等温线和 Zeta 电位进行了测量。吸附等温线测量结果显示用油酸钠时吸附密度最大;Zeta 电位测量结果表明,加入阳离子疏水改性剂使 Zeta 电位正值增加,且 MgO 的正 Zeta 电位随阴离子疏水改性剂的浓度增加而降低。

Costa 等[62]分别采用油酸钠、油酸钙、氯化钙、十二烷基硫酸钠和苯十二烷基硫酸钠作为团聚药剂对废纸进行油团聚脱墨浮选,考察了不同药剂对废纸脱墨浮选效果的影响,结果表明油酸钙和十二烷基硫酸钠对废纸的脱墨浮选效果最好。

王晖等[63]对辉钼矿尾矿进行了油团聚浮选回收试验研究,指出油团聚浮选能够有效从尾矿中回收微细粒辉钼矿,并成功通过工业试验从含钼 1.05% 的浮选尾矿中回收得到钼品位为 22.62%、回收率为 94.93% 的钼精矿。

(3)两液分离法

两液分离法又称双液浮选法。两液分离工艺的具体步骤为:首先,通过向调浆后的矿浆中添加捕收剂使目的矿物表面疏水化,再通过添加非极性油使疏水颗粒在剪切力场中黏附于油珠上并形成稳定的乳浊液；然后，通过分离装置使包覆疏水颗粒的油珠上升至矿浆上部，形成疏水矿物富集油层；最后，采用相分离法将疏水矿物与亲水矿物分离。

张香亭等[64]通过试验指出，两液分离法能够有效脱除煤系高岭土中的铁杂质。科卡巴格等[65]对黄铁矿、黄铜矿和方铅矿进行了两液分离研究，并考察了矿浆电位、捕收剂及抑制剂浓度对这三种硫化矿物可浮性的影响，结果表明：三种硫化矿物在 Na_2S 作还原剂时均能发生浮选；捕收剂的使用对黄铜矿和黄铁矿在相同电位下的可浮性没有影响，而方铅矿的浮选则需要在更高的还原电位下配合使用捕收剂才能实现。

3. 载体浮选

载体浮选又称背负浮选，是一种有效分选微细粒矿物的新型浮选工艺。其原理是以粗颗粒矿物作为背负载体，让细颗粒矿物黏附在载体矿物表面，通过常规泡沫浮选法达到分离的目的。根据载体种类的不同，载体浮选可分为两类：异类载体浮选及同类载体浮选。

朱阳戈等[66]对攀枝花微细粒难选钛铁矿进行了载体浮选，结果表明，相比较于细粒钛铁矿单独浮选，$-20~\mu m$ 粒级钛铁矿回收率由 52.56% 提高至 61.96%。LIU 等[67]采用粗粒滑石作为载体对废纸进行了脱墨浮选回收试验研究，并通过测定悬浮液颗粒的 Zeta 电位分布探讨了滑石-油墨聚团中颗粒间的相互作用机理。Ateşok 等[68]对颗粒表面包覆有大量细泥的煤颗粒进行了载体浮选回收试验，结果得出最佳载体尺寸为 0.3～0.1 mm，最佳载体比为 0.02，并在此条件下从灰分为 16.3%、全硫分为 2.0% 的入料中浮选得到回收率为 81%、灰分为 8.3%、全硫分为 0.72% 的精煤产品。胡海祥等[69]针对选铜厂原浮选工艺存在的问题，对铜矿进行了载体浮选提高回收率的试验研究，结果得出，当载体粒度级分别为 +0.074 mm、+0.053 mm 和 +0.045 mm 时，载体浮选的回收率分别能提高 3.41、3.95 和 4.89 个百分点。

4. 其他疏水聚团分选工艺

对于弱磁性微细矿物颗粒，已研究出结合疏水聚团及矿物磁性的分选方法有疏水聚团磁种法及复合絮凝法等。

疏水团聚磁种法是通过采用疏水改性剂使磁种在疏水目的矿物表面附着来实现分选的方法。严波等[70]对油墨的疏水聚团磁种分选进行了试验研究，选用疏水性的磁铁矿作为磁种，采用煤油作为疏水改性剂使磁种与油墨发生聚团，最后采用磁选法去除油墨。结果表明，在最佳试验条件为磁种用量 3 g/L、煤油用量 0.312 5 g/L、pH＝9、搅拌时间 45 min、温度 45 ℃时，可获得 94.99% 的油墨回收率。

宋少先等[71]在 1997 年将弱磁性矿物颗粒在外磁场中的疏水絮凝现象称为复合絮凝,并通过试验和计算得出:复合絮凝比单一的疏水絮凝和磁絮凝强烈得多;单一外磁场无法形成强烈絮凝,但是可以使疏水絮凝过程得到强化,外磁场的作用主要是减小甚至消除疏水颗粒间相互作用势能的能垒,进而使絮团更容易产生。

1.3.3　疏水聚团的主要影响因素

1. 药剂的添加

（1）疏水改性剂的添加

在选择性疏水聚团分选中,疏水改性剂充当捕收剂的角色,主要作用是对微细矿物颗粒进行表面改性使其表面选择性疏水化,为微细矿物颗粒疏水聚团提供先决条件。疏水改性剂对疏水聚团的影响主要表现在药剂种类和药剂浓度上。刘建军等[72]发现孔雀石可被丁基黄药选择性疏水化。张厚民[73]通过试验发现,十八醇和硬脂酸等能通过改变熔融色料表面性质使之脱离纤维,脱离的色料颗粒在高温和机械搅拌条件下形成聚团。Shen 等[74]通过试验发现,以配比为 2∶1 的十二烷基胺氯化盐/脂肪酸作为改性剂对－0.045 mm 粒级高岭石的疏水改性效果较好。张晓萍等[75]对微细粒高岭石在水介质中的聚团行为进行了研究,发现添加阳离子型胺盐类疏水改性剂可以显著提高高岭石的疏水聚团行为,且随着烷基伯胺盐类疏水改性剂浓度的增大,高岭石的聚团行为更加显著。Ozkan 等[76]对重晶石、天青石和方解石进行了剪切絮凝浮选研究,试验考察了疏水改性剂（油酸钠）的浓度对矿物的润湿临界表面张力（γ_c）的影响,提出在剪切絮凝过程中矿物的 γ_c 值是疏水改性剂的一个函数,即疏水改性剂浓度存在一个利于剪切絮凝的最佳值。此外,疏水改性剂浓度对聚团形态也有很大的影响,Ji 等[77]对赤铁矿微粒通过十二烷基硫酸钠（SDS）的疏水凝聚和聚合行为进行了研究,研究结果表明 SDS 的浓度对赤铁矿微粒的聚团形态有着显著的影响,并采用环境扫描电子显微镜对不同 SDS 浓度下的聚团形态进行了观察,如图 1-2 所示。当 SDS 的浓度为 1.4×10^{-4} mol/L 时,是典型的球形聚团;浓度为 1.0×10^{-3} mol/L 时,是较密实的聚团形态;浓度为 1.0×10^{-2} mol/L 时,是"链状"聚团;浓度为 2.5×10^{-1} mol/L 时,是多孔聚团。

（2）非极性油的添加

研究指出,添加非极性油是实现微细矿物颗粒有效分选的前提和保证,且非极性油对微细矿物颗粒疏水聚团的形成和稳定生长具有强化作用。早在 1992 年宋少先等[78]就非极性油对微细矿物颗粒疏水絮凝的强化作用进行了

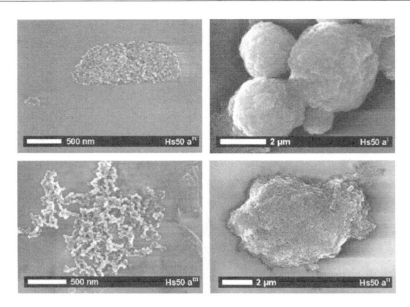

图 1-2　不同浓度 SDS 作用下 50 nm 粒级赤铁矿颗粒的聚团形态 ESEM 图片[77]

深入研究,通过构建疏水矿粒与非极性油相互作用的机理模型及能量数学模型,对微细粒菱锰矿-煤油体系的相互作用势能进行了计算,计算结果证实了非极性油对疏水絮凝具有强化作用。非极性油强化疏水絮凝的机理主要有两点[79]:① 非极性油珠和疏水油珠在疏水颗粒表面发生黏附和适度铺展开,进一步增强了颗粒表面疏水性,从而强化悬浮液体系中颗粒的疏水聚团行为;② 非极性油能够在两个疏水颗粒间形成油桥,增加了疏水聚团的抗碎能力,使得疏水聚团能稳定存在和继续生长。Song 等[80]对辉钼矿进行了疏水聚团浮选研究,通过观察聚团形态考察了非极性油对疏水聚团的影响,结果指出添加非极性油的疏水聚团比未添加非极性油的疏水聚团结构更紧凑、强度更大。

　　同时,非极性油种类的不同对疏水聚团的强化效果也有所差异。Ucbeyiay[81]考察了正庚烷、煤油、粗苯和正己烷 4 种不同种类非极性油对微细煤颗粒疏水絮凝的影响,结果表明:在自然 pH 值下煤油对微细煤颗粒的疏水絮凝效果最佳。

　　2. 动能输入

　　疏水聚团分选的相关试验研究表明,适当的动能输入(机械强度＋搅拌时间)是控制疏水聚团形成、聚团尺寸大小及聚团净化的主要手段。动能输入对疏水聚团的影响主要体现在搅拌强度(搅拌速度)和搅拌时间上。Fu 等[82]通过试验得出,采用油团聚浮选在搅拌时间为 3 min、搅拌强度为 400～600 r/min 的条件下可以从细粒尾矿中充分回收出细粒辉钼矿。张兴旺等[83]在微细粒辉钼矿疏水聚团浮选研究中进行了动能输入试验和疏水聚团浮选动力学试验,结果表明:动能输入能够强化辉钼矿颗粒疏水聚团的效果,合适的搅拌时间有利于辉钼矿颗粒疏水聚团的形成,同时机械搅拌强度对辉钼矿的浮选效率有显著影响。

3. 矿浆 pH 值的影响

众所周知,疏水聚团的形成主要取决于颗粒的表面性质。介质的 pH 值变化显著影响微细颗粒表面的 Zeta 电位,进而影响疏水颗粒团聚的效果,因此控制介质 pH 值是非常重要的。Sönmez[84]考察了 pH 值对天青石剪切絮凝浮选的影响,试验结果表明,天青石颗粒可以在 pH 值为 3～13 的范围内絮凝,且当 pH 值为 8.8 时絮凝效果最佳,pH 值高于 8.8 或低于 8.8 时絮团都会减少。张晓萍[85]研究了矿浆 pH 值对微细粒高岭石和伊利石分散和聚团的影响规律,结果表明:微细粒高岭石在 pH<7 时表现为强烈的聚团现象,pH 值在 7～9 之间时聚团效果较弱,pH>9 时处于分散状态;微细粒伊利石则只在弱酸条件下有一定的聚团效果。张兴旺[86]在微细粒辉钼矿聚团浮选研究中考察了无任何药剂时矿浆 pH 值对疏水聚团及浮选结果的影响,试验结果表明辉钼矿适宜在酸性或中性条件下进行疏水聚团浮选,碱性条件下浮选效果很差。可见,适宜的 pH 值环境会对疏水聚团产生有利影响。

1.4　微细黏土矿物颗粒界面疏水调控研究进展

1.4.1　界面疏水调控的基本原理

水溶液中微细矿物颗粒界面调控的基本原理是调节其界面性质以实现在水中分散或聚团沉降;或调节目标矿物与其他矿物的界面性质的差异以达到分选的目的。在水溶液中,主要采用化学调节的方法,通过添加化学药剂以达到改变颗粒界面性质的目的。通常添加无机电解质、高分子、疏水改性剂等调整黏土矿物的电性、亲水性或疏水性,使它们在水溶液中分散稳定或者聚集沉降[50]。微细黏土矿物颗粒界面疏水调控即通过添加疏水改性剂调节其颗粒界面润湿性,使其颗粒表面疏水化,进而实现黏土矿物在水溶液中的聚团沉降或聚团分选。

1.4.2　水溶液中微细黏土矿物颗粒的界面特性

煤泥水中黏土矿物主要是含水硅铝酸盐矿物,包括高岭石、蒙脱石和伊利石等微细粒矿物。煤泥水中的黏土矿物一般都具层状结构,其晶层结构由两个基本结构单元硅氧四面体和铝氧八面体构成。根据这些基本结构单元的结合情况,黏土矿物的晶层结构可分为二层型和三层型两种。黏土矿物的晶层结构不同,则性质也将不同。黏土矿物的性质主要表现在以下几个方面。

1. 吸附特性

黏土矿物的吸附特性是指黏土矿物对固、气、液相及液相中溶质的截留和吸附能力。在黏土矿物形成过程中,黏土矿物解理破碎导致其端面的裸露氧原子容易与其他物质发生配位等化学反应;同时,其结构中硅氧四面体层的部分高价态 Si^{4+} 容易被低价态的 Al^{3+} 所取代,而铝氧八面体层的部分高价态 Al^{3+} 容易被低价态的 Fe^{2+} 等所取代,导致黏土颗粒表面荷一定数量负电荷;而对于蒙脱石来说,其内部还存在可交换的阳离子[87]。因此,黏土矿物的吸附特性可根据其吸附机制分为化学吸附、物理吸附和离子交换吸附三类。

(1) 物理吸附

物理吸附是指由于黏土矿物表面分子具有表面能使得黏土矿物与被吸附物质的分子间因存在范德瓦耳斯作用力而产生的吸附。物理吸附普遍存在于所有分子间,基本为无选择性的吸附。物理吸附能够形成多层吸附,且吸附过程属于可逆过程。由于吸附热非常小,吸附与解吸附的速率都很快,且很容易达到吸附平衡。物理吸附主要受被吸附物质的分散度影响,吸附现象的激烈程度与分散度成正比。

(2) 化学吸附

吸附过程伴随着化学键形成的吸附称为化学吸附。由于化学吸附的作用力较大,吸附选择性较强,其吸附与解吸难度大,不容易达到吸附平衡。由于化学吸附的吸附质与吸附剂表面形成化学键后就无法与其他吸附质形成化学键,仅能形成一层吸附;且由于化学吸附过程存在化学键的断裂与形成,所以化学吸附的吸附热与化学反应相当,且远大于物理吸附,故化学吸附常在较高的温度下进行。例如,黏土矿物晶体表面因解理破碎所暴露出的铝醇基经水解能够与重金属离子或重金属离子的水解产物发生配位作用,进而达到吸附重金属的目的[88]。

(3) 离子交换吸附

离子交换吸附又称为吸着[89],指的是表面荷负电的吸附剂通过静电引力作用吸附相应的吸附质离子的过程,这种吸附同时包含了吸收作用。在吸附过程中,伴随着等质量浓度的离子交换。当吸附质浓度相同时,离子所带电荷越多,吸附越强;当离子电荷相同时,水化半径越小越有利于吸附。由于黏土矿物颗粒表面带有一定量负电荷,因此需吸附其他金属阳离子实现电性平衡,而被吸附的金属阳离子容易和其他价态的阳离子发生离子交换,进而产生离子交换吸附。此外,对于具有可变层间距的蒙脱石而言,可以通过离子交换的方法使阳离子进入层间以达到在一定程度上改变其层间距的目的[90]。

2. 水化膨胀特性

黏土矿物种类不同,其水化膨胀性也有所不同。根据水化条件下黏土矿物的膨胀特性,可将黏土矿物分为膨胀型黏土和非膨胀型黏土。例如,高岭石水化时,其膨胀程度微小,甚至不膨胀,属于非膨胀型黏土;而蒙脱石在水化后,其体积膨胀较为剧烈,属于膨胀型黏土,其中钠蒙脱具有很强的膨胀性,钙蒙脱石和镁蒙脱石具有中等膨胀性;伊利石因结构复杂,导致其膨胀性具有不确定性。

3. 表面电性

黏土矿物颗粒表面荷负电的原因主要有以下几点:

(1)黏土矿物主要为硅铝酸盐,在水溶液环境中,硅铝酸盐矿物颗粒表面的 SiO_2 和 Al_2O_3 容易跟水发生化学反应,反应产物水解使得微细黏土矿物颗粒表面荷负电[91]。

(2)黏土矿物晶格中晶格取代和离子置换也能使颗粒表面荷负电,所荷负电的数量取决于晶格中被置换的离子数量。例如,高岭石根据化学组成和晶体结构特点,在其晶胞中存在着 Si^{4+} 被 Al^{3+} 取代,及 Al^{3+} 被 Fe^{2+}、Mg^{2+} 取代,导致高岭石(001)顶面和高岭石(001)底面上会产生少量永久负电荷[92]。

(3)黏土矿物的破碎解理方式的不同也会使黏土矿物颗粒表面电负性发生变化。刘令云等[93]通过试验指出,不同粒度高岭石颗粒表面的电动特性不同的主要原因是在高岭石颗粒的破碎过程中端面-端面解理随着高岭石粒度的减小而逐渐增加。

1.4.3 微细黏土矿物颗粒界面疏水调控研究现状

微细黏土矿物颗粒界面的疏水调控主要是通过添加疏水改性剂来实现,这在黏土矿物浮选领域比较常见。

崔吉让等[94]通过试验研究和理论计算探讨了微细粒高岭石的分散及聚团行为,指出影响微细粒高岭石分散与聚团行为的主要因素是溶液化学性质和颗粒表面荷电特性,实现高岭石有效分选的关键在于调节其表面性质。胡阳等[95]研究了不同 pH 值条件下十二烷胺对微细粒高岭石疏水聚团的影响,结果表明:pH 值较高时,十二烷胺能诱导高岭石颗粒发生强烈疏水聚团,且十二胺浓度越大,颗粒凝聚度越高;Hu 等[96]对十二胺作用下高岭石分散体系的稳定性进行了试验研究,结果表明:即便在高岭石颗粒表面电负性很强的情况下,十二胺也能促使高岭石颗粒发生强烈的聚团行为,并指出这种聚团与阳离子胺盐在颗粒表面吸附和疏水性密切相关,属于疏水聚团;张晓萍等[75,97]对微细粒高岭石在水介质中的疏水聚团行为进行了试验研究,结果表明:阳离子型疏水改性剂可显著降低高岭石颗粒表面电负性,促进高岭石颗粒形成疏水聚团,且疏水聚团行为的显著程度在一定范围内与药剂浓度成正比。

1.5 量子化学/分子动力学模拟在界面调控方面的研究现状及进展

随着近代物理技术的发展,出现了各种先进的现代分析技术,虽然为矿物界面调控的研究带来了极大的方便,但关于矿物内部结构对选矿工艺影响的研究报道依然较少。量子化学理论的飞速发展,特别是密度泛函理论的提出和发展成熟以及计算机硬件水平的提高,为矿物结构及其表面的计算提供了有效的理论工具[98,99]。目前,密度泛函理论已广泛应用于选矿领域。Wang等[100]对水溶液环境中金属阳离子$Pb(II)$在高岭石羟基化(001)面的吸附进行周期性密度泛函理论计算,计算结果表明:阳离子$Pb(II)$能够与水中氧原子O_w及高岭石(001)面的氧原子O_s发生配位反应,并通过局域态密度分析结果指出,$Pb-O_w$具有共价键特性,而$Pb-O_s$具有强烈的离子键特性。Peng等[101]基于周期性密度泛函理论方法对水分子在钠-蒙脱石的(001)底面和(010)端面的吸附进行了模拟计算,结果指出水分子是通过水分子与Na^+阳离子间的静电引力作用吸附在钠-蒙脱石的(001)底面的,而水分子在钠-蒙脱石(010)端面的吸附则是通过氢键作用的。Peng等[102]对羟基钙在钠-蒙脱石(001)层面和(010)端面的吸附进行了密度泛函理论计算,计算表明:羟基钙在钠-蒙脱石(010)端面的吸附更稳定;同时,水分子的存在会增加羟基钙在钠-蒙脱石(001)层面的吸附稳定性。Rath等[103]通过密度泛函理论计算对含不同碳原子数的胺类捕收剂与石英(101)面的相互作用机理进行了研究,结果表明:当烷基胺的碳原子数不超过14时,碳原子数越大,烷基胺与石英(101)面的相互作用越强。

对于水溶液环境中矿物颗粒的界面性质及调控,学者们多采用分子动力学模拟方法进行研究。Lammers等[104]为进一步了解伊利石不同表面的性质,采用分子动力学模拟方法对Cs^+和Na^+离子在伊利石的层面、端面和层间的吸附进行了对比研究,结果表明:伊利石层面的阳离子交换属于理想的热力学行为,而端面和层间的阳离子交换则是复杂的非理想的热动力学行为;同时,伊利石层面对Cs^+离子的选择性较弱,而端面和层间对Cs^+离子具有强选择性。陈攀等[105]采用 UFF 力场对季磷盐在高岭石(001)面的吸附进行了分子动力学模拟,结果表明:季磷盐 TTPC 的分子结构有助于其与高岭石表面形成 C—H…O 氢键,吸附稳定性强,具有优异的浮选性能。

1.6　主要研究内容

高泥化煤泥水中微细颗粒界面性质及疏水改性剂在这些颗粒表面的吸附特性是影响其疏水聚团沉降效果的主要原因。通过对煤泥水中主要微细颗粒煤与高岭石颗粒界面的认知,建立表面吸附模型进行量子化学/分子动力学模拟及试验验证,探索煤泥颗粒与疏水改性剂在煤泥水溶液环境中的物理化学作用机制,揭示煤泥水疏水聚团药剂吸附机理,实现煤泥水中微细颗粒的疏水聚团沉降。

1. 煤泥水中微细矿物界面结构特性研究

以淮南矿区高泥化煤泥水、煤及主要黏土矿物煤系高岭石为研究对象: ① 通过对高泥化煤泥水进行离子组成、粒度组成、矿浆浓度及 pH 值测定,分析其溶液化学性质;进行矿物组成、元素组成、表面润湿性、表面电性及表面官能团等测试,分析其界面结构特性。② 通过对煤泥水中主要矿物与煤泥水的相互作用机制研究,分析不同矿物(煤和高岭石)对煤泥水溶液化学性质影响。③ 研究煤泥水溶液环境对高泥化煤泥水中微细颗粒界面特性的影响规律。

2. 煤泥水中微细颗粒界面疏水调控及疏水改性剂作用机理研究

以煤泥中主要微细粒煤和高岭石为研究对象:① 研究不同疏水改性剂对不同矿物界面疏水改性的影响;② 通过对吸附疏水改性剂前后的煤和高岭石进行界面性质测试,分析疏水改性剂对微细煤泥矿物颗粒界面结构特性的影响;③ 测定疏水改性剂在颗粒表面的吸附量,并研究不同因素对吸附量的影响规律;④ 采用微量热法测定水分子及疏水改性剂与微细煤泥矿物颗粒作用过程的能量变化,判断疏水改性剂与水分子在微细煤泥矿物颗粒表面竞争吸附结果。

3. 煤泥水中微细颗粒界面调控疏水聚团沉降试验验证研究

根据药剂在微细煤泥颗粒表面吸附特性的试验结果,选择 3～5 种药剂进行微细煤泥颗粒界面疏水调控的试验验证研究,考察药剂种类及用量、能量输入机制、煤泥水溶液化学环境、矿物组成等对疏水聚团沉降效果的影响规律。

4. 药剂在微细煤泥颗粒表面吸附量子化学/分子动力学模拟研究

采用 MS(Materials Studio 8.0 软件)构建煤及高岭石颗粒表面模型,并进行初始结构弛豫优化,构建矿物颗粒表面结构的稳定构型;利用 MS 软件的 Visualizer 模块构建药剂分子模型。采用量子化学/分子动力学研究疏水改性剂在微细煤泥颗粒表面的吸附构型、吸附能、成键类型、Mulliken 电荷布居及药剂反应活性点位等;研究不同类型官能团和药剂的前线分子轨道性质及其与微细煤泥颗粒界面的相互作用规律,建立药剂与微细煤泥颗粒界面的吸附模型。

2　煤泥水中微细颗粒界面结构特性研究

2.1　引言

　　煤泥水中微细颗粒的高效聚团沉降澄清的关键在于调节煤泥水溶液环境中微细颗粒的界面结构特性,即调节煤泥水溶液化学性质及微细颗粒界面特性。因此,研究煤泥水溶液化学性质及煤泥水中微细颗粒表面特性,掌握微细颗粒在煤泥水溶液化学环境下界面特性的变化及颗粒间的相互作用机制,对研究高泥化煤泥水在疏水改性药剂作用下疏水聚团沉降机理具有显著意义。

　　本章主要采用 X 射线衍射仪(XRD)、傅立叶变换红外吸收光谱仪(FTIR)、激光粒度分析仪、扫描电子显微镜(SEM)、能谱仪(EDS)、X 射线光电子能谱仪(XPS)及水质分析仪等分析测试手段,对煤泥水中微细颗粒的溶液化学性质及界面结构特性进行了研究。

2.2　试验条件及研究方法

2.2.1　试验样品

　　1. 高泥化煤泥水

　　试验所用两种高泥化煤泥水样品分别采自安徽省淮南矿区某动力煤选煤厂和某炼焦煤选煤厂浓缩机入料,两种煤泥水的矿浆浓度分别为 26.0 g/L 和21.0 g/L。为了方便区别和描述,将动力煤选煤厂煤泥水和炼焦煤选煤厂煤泥水分别标记为 D 煤泥水和 L 煤泥水。

　　根据《煤炭筛分试验方法》[106]对试验所用 D、L 两种煤泥水样品进行粒度组成分析,结果如表 2-1 所示。由表可知,D 煤泥水中－0.045 mm 粒级累计占 90.09%,且该粒级的灰分达到了 53.29%,－0.075 mm 粒级占 97.27%;而 L 煤泥水中－0.045 mm 粒级占 82.30%,灰分达 54.42%,－0.075 mm 粒级占 89.83%。根据相关文献[19,21,43,107]定义:当煤泥水中－0.045 mm 粒级的产率≥60%、灰分≥50%时,称该煤泥水为高泥化煤泥水。则从两种煤泥水样品的粒度和各粒级灰分分析结果可知,试验所用两种煤泥水样品中的高灰细泥含量都很高,即两种煤泥水都属于典型的高泥化难沉降煤泥水。

表 2-1　煤泥水中煤泥的粒度组成

粒级/mm	D 煤泥水				L 煤泥水			
	产率/%	累计产率/%	灰分/%	累计灰分/%	产率/%	累计产率/%	灰分/%	累计灰分/%
0.500～0.125	0.91	0.91	7.36	7.36	5.38	5.38	10.62	10.62
0.125～0.075	1.82	2.73	10.83	9.67	4.79	10.17	17.08	13.66
0.075～0.045	7.18	9.91	17.43	15.30	7.53	17.70	23.17	17.70
－0.045	90.09	100.00	53.29	49.53	82.30	100.00	54.42	47.92
合计	100.00		49.53		100.00		47.92	

对两个煤泥水样中－0.045 mm 粒级进行激光粒度分析,结果如图 2-1 所示。两个煤泥水样中－0.045 mm 粒级平均粒径 d_{50} 都处在 2～3 μm, d_{75} 都处在 7～9 μm,其中 D 煤泥水中煤泥平均粒度稍大于 L 煤泥水中煤泥平均粒度。结果分析可知,两煤泥水样品中微细颗粒含量都很高,表明煤泥水泥化程度严重,严重加大了煤泥水沉降的难度。

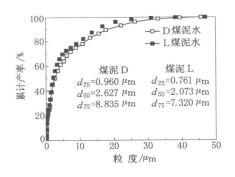

图 2-1　煤泥水中－0.045 mm 固体颗粒的粒度组成

2. 精煤样品

试验中所用原精煤样品取自安徽省淮南矿区选煤厂－13 mm 的重介精煤(煤种为 1/3 焦煤),初始灰分为 9.87%。由于重介精煤的灰分较高,以及精煤颗粒经破碎后会呈新鲜表面,不符合试验所需精煤的纯度和表面性质要求,所以需要对其进行降灰及表面氧化处理,其制备流程如图 2-2 所示。具体过程如下:首先对重介精煤进行浮沉降灰,采用－1.25 g/cm³ 密度级对重介精煤进行浮沉试验,得到浮出的低灰精煤样品。然后用大量去离子水冲洗精煤表面残存重液,直至向冲洗液滴入 AgNO₃ 溶液无白色沉淀生成为止,即精煤表面无 Cl⁻ 残留。最后,将清洗干净的低灰精煤样品进行过滤,放入真空干燥箱中恒温 60 ℃烘干,最终得到灰分为 4.56% 的低灰精煤样品。

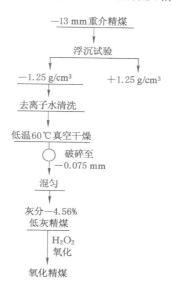

图 2-2　煤样制备流程图

　　对浮沉所得低灰精煤采用双氧水进行颗粒表面氧化处理,具体氧化过程[108]为:首先,按 1 g 低灰精煤∶10 mL 9.8 mol/L 双氧水的配比在水浴25 ℃下于烧瓶中混合氧化 24 h;其次,将反应后的煤样用蒸馏水清洗至 pH 值为中性,在 50 ℃下烘干得到试验所用氧化精煤样品(简称煤)。

　　采用日本岛津 SALD-7101 激光粒度分析仪对氧化前后的煤样品进行粒度分析,结果如图 2-3 所示。由图可知,煤氧化前后的粒度范围都为 −0.075 mm,符合试验要求;同时,原精煤平均粒径 d_{50} 为 29.052 μm,而氧化后的精煤平均粒径 d_{50} 为 13.215 μm,这说明氧化过程精煤存在破碎解理现象,使得粒度减小。

　　采用日本岛津 Labx XRD-6000 X 射线衍射仪对煤进行 XRD 分析,结果如图 2-4 所示。由 XRD 结果分析可知,煤中非晶质成分含量很高,即煤组分含量高,同时含有极少量的黏土矿物如高岭石、石英、绿泥石及方解石等,说明煤样品的纯度很高,满足试验用低灰精煤的要求。

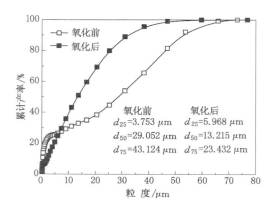

图 2-3　煤氧化前后的激光粒度分析

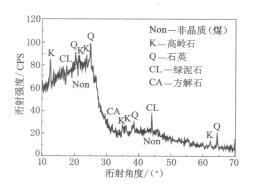

图 2-4　煤 X 射线衍射图谱

3. 高岭石

试验所用高岭石原矿（—0.5 mm）采自安徽金岩高岭土科技有限责任公司，与原煤入选中所夹带的高岭石具有很好的一致性。由于高岭石原矿中含有碳等杂质，试验前须对高岭石原矿进行去杂提纯，具体方法为[109]：首先将 375 g 高岭石原矿粉末（过 120 网目干筛）放入 1 L 烧杯中与 150 mL H_2O_2 混合搅匀，然后让其充分消化 24 h；用 60 ℃ 水浴加热分解剩余 H_2O_2，然后加去离子水至 1 L 处静置 10 h，将漂浮在悬浮液上方的黑色杂质除去，用虹吸方法将上清液移去，重复此步骤 3 次以充分去除黑色杂质，得到 —0.125 mm 的高岭石提纯样品。

采用大量去离子水对所得高岭石提纯样品进行多次清洗至 pH 值为中性，然后过 200 网目筛子得到 —0.075 mm 全粒级高岭石样品。再对全粒级高岭石进行筛分及 Stocks 沉降法分级,分别得到 75～45 μm、45～25 μm、25～13 μm、－13 μm 及－2 μm 五个粒级高岭石样品。具体的高岭石样品制备流程如图 2-5 所示。

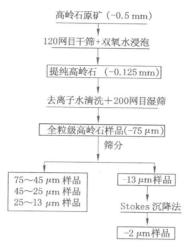

图 2-5 高岭石样品制备流程图

采用日本岛津 Labx XRD-6000 X 射线衍射仪对制备所得全粒级高岭石样品进行 XRD 分析,结果见图 2-6。由图可知,高岭石样品中主要含有三种矿物,kaolinite-1 MD、kaolinite-1A 及 dickite-2 M1,且这三种矿物均为高岭石族矿物。对高岭石样品采用化学全分析方法进行了成分分析,结果见表 2-2,高岭石中 Al$_2$O$_3$ 和 SiO$_2$ 的总含量达到 83.218%。XRD 及化学全分析结果表明,所制备的高岭石样品纯度很高,满足试验用纯矿物要求。

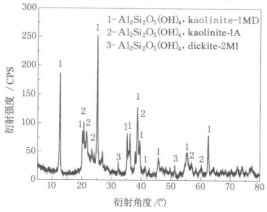

图 2-6 高岭石样品 XRD 分析

表 2-2　高岭石样品化学成分分析

成分	SiO$_2$	Al$_2$O$_3$	Fe$_2$O$_3$	MgO	CaO	Na$_2$O	K$_2$O
含量/%	49.229	33.989	1.128	0.045	0.127	0.109	0.095
成分	TiO$_2$	MnO	SrO	ZrO$_2$	BaO	P$_2$O$_5$	Loss
含量/%	0.742	0.012	0.026	0.023	0.009	0.121	14.345

采用日本岛津 SALD-7101 激光粒度分析仪对所制备的各粒度级高岭石样品进行了粒度分析,结果如图 2-7 所示。由图可知,试验所制备的各个粒级高岭石样品的粒度范围都满足试验粒度要求,说明试验所用的高岭石分级方法可靠;得到 $+75\ \mu m$、$75\sim45\ \mu m$、$45\sim25\ \mu m$、$25\sim13\ \mu m$、$-13\ \mu m$ 及 $-2\ \mu m$ 粒级高岭石样品的平均粒径 d_{50} 分别为 $2.004\ \mu m$、$62.972\ \mu m$、$37.675\ \mu m$、$17.197\ \mu m$、$1.266\ \mu m$ 及 $0.396\ \mu m$。

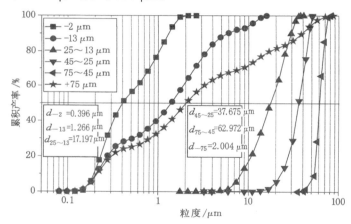

图 2-7　不同粒度高岭石样品激光粒度分析

2.2.2　试验试剂及仪器

试验所用的主要试剂和仪器分别如表 2-3 和表 2-4 所示。试验用去离子水为经过 $0.2\ \mu m$ 孔径树脂层过滤、电导率 $<1\ \mu S/cm$ 的去离子水。

表 2-3　主要试验试剂

试剂名称	化学式	规　格	用　途
氢氧化钠	NaOH	分析纯	pH 调整剂
盐　酸	HCl	分析纯	pH 调整剂

表 2-3(续)

试剂名称	化学式	规　格	用　途
双 氧 水	H_2O_2	9.8 mol/L	氧化剂
溴 化 钾	KBr	分析纯	红外分析

表 2-4　主要试验仪器

仪器名称	型号	生产厂家
X 射线衍射仪	LabX XRD-6000	日本,岛津
傅立叶变换红外吸收光谱仪	NICOLET-380	美国,热电监测分析技术公司
激光粒度分析仪	SALD-7101	日本,岛津
扫描电子显微镜	S3000-N	日立,高新技术
能谱仪	HHTNT	美国,EDAX
离子色谱分析仪	PIC-10A	青岛,普仁仪器有限公式
元素分析仪	5E-CHN2000	长沙,开元仪器有限公司
Zeta 电位测定仪	Zetaprobe	美国,CD公司
pH 计	PHSJ-3F	上海,雷磁
真空干燥箱	DZF-6020	上海,一恒

2.2.3　研究方法

1. X 射线衍射分析(XRD)

采用日本岛津 Labx XRD-6000 X 射线衍射仪进行样品的 XRD 分析,测试样品研磨至－325 网目。X 射线衍射测试条件为:Cu 靶 K 辐射 X 射线管电压设为 35 kV,X 射线管电流设为 30 mA;扫描角度 5°～80°,连续扫描速度 2°/min;采样间隔 0.02°。

2. SEM-EDS 分析

采用日本株式会社 S-3000N 扫描电子显微镜(SEM)在低真空状态下观察样品颗粒的外观形貌;采用 SEM 联用的能谱分析仪(EDS)可以分析样品颗粒表面的某一"点、线或面"上的元素组成,各元素峰值大小可以半定量分析其元素的相对含量,本试验仅采用点扫描模式。

3. 离子组成分析

将现场采集的煤泥水静置沉降 1 d,取上清液采用高速离心机以 4 000 r/min

离心 30 min,取适量的离心液采用 PIC-10A 型离子色谱分析仪进行离子组成分析。

4. 红外光谱分析(FTIR)

取 (2 ± 0.01) mg 干燥样品颗粒与 300 mg KBr 混合,将混合物用玛瑙研钵研磨至 -2 μm,在 $30\sim40$ MPa 的压力下压片。扫描范围为 $4\,000\sim400$ cm^{-1},步长为 4 cm^{-1},扫描频率为 64。样品分析需要扣除背景值和空气的影响。

5. X 射线光电子能谱分析(XPS)

采用美国 XPS ESCALAB 250Xi 进行各样品的 XPS 分析。疏水改性剂作用前后的样品颗粒经过滤,放入真空干燥箱中 40 ℃ 烘干,取干燥样品压片,在超真空环境内使用带单色器的铝靶 X 射线源(Al K_a, $h_0=1\,486.6$ eV)进行测试,分析室真空度大于 1×10^{-9} mbar,通过能为 20 eV,能量步长为 0.05 eV,光斑尺寸为 900 μm。

6. 接触角及 Zeta 电位测定

采用美国科诺工业有限公司 C20 表面接触角测定仪进行样品颗粒的接触角测定,首先取 (0.60 ± 0.01) g 干燥样品颗粒在 30 MPa 压强下压成厚度约为 2 mm 薄片,在薄片的三个不同区域进行接触角测定,结果取平均值。

采用美国 ZetaProbe Zeta 电位分析仪对不同条件下各样品悬浮液进行 Zeta 电位测定,pH 值用 0.01 mol/L 的 HCl 和 NaOH 溶液进行调节。配制 250 mL 不同条件的样品悬浮液,用 ZetaProbe Zeta 电位测定仪进行测量,每个样品循环测量 3 次,结果取平均值。

2.3 煤泥水溶液化学性质

2.3.1 矿物组成

采用日本岛津 Labx XRD-6000 X 射线衍射仪对试验所用两个煤泥样品进行了 XRD 分析,结果如图 2-8 所示。从图中可以看出,两个煤泥水样的矿物组成大体一致,主要含有高岭石、石英及少量的蒙脱石、绿泥石及方解石等矿物,其中主体成分是黏土矿物。黏土矿物具有极易泥化及表面荷强负电等特性[24,25],大大增加了煤泥水沉降澄清的难度。同时可以看出,高岭石是淮南矿区煤泥水中最主要的黏土矿物,因此,研究并掌握高岭石的溶液化学性质及界面结构特性是解决淮南矿区煤泥水处理难的关键之一。

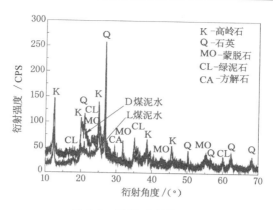

图 2-8   煤泥 X 射线衍射

2.3.2   离子组成

为了解试验所用煤泥水样品中的离子种类及含量,采用 PIC-10A 型离子色谱分析仪对试验用煤泥水样品进行离子组成分析,结果如表 2-5 所示。

表 2-5   煤泥水离子组成分析结果

名称		Al^{3+}	Fe^{3+}	Na^+	Ca^{2+}	Mg^{2+}	Cl^-	SO_4^{2-}	HCO_3^-	CO_3^{2-}	pH
浓度 /(mg/L)	D 煤泥水	48.56	2.49	248.15	20.91	4.76	270.50	189.75	402.73	96.02	8.6
	L 煤泥水	43.44	2.83	278.43	45.74	14.32	595.56	227.98	341.71	67.39	7.9

从煤泥水的离子组成分析结果可知,煤泥水中主要阳离子有 Na^+、Al^{3+}、Ca^{2+},以及极少量的 Mg^{2+} 和 Fe^{3+},阳离子含量总体偏低,说明煤泥水水质硬度较低,不利于聚集沉降;含有的主要阴离子有 HCO_3^-、Cl^-、SO_4^{2-} 和 CO_3^{2-}。同时可以看出,两种煤泥水样品的 pH 值都为弱碱性,黏土矿物在碱性水溶液环境中容易保持分散[110],也不利于煤泥水中微细颗粒的聚集沉降。

2.4   微细煤泥矿物颗粒界面特性

2.4.1   表面外观形貌及元素组成

1. 高泥化煤泥水

采用日本株式会社 S-3000N 扫描电子显微镜对两个不同煤泥样品中不同粒度级煤泥颗粒进行了外观形貌观测,结果分别如图 2-9 和图 2-10 所示。由图可知,两个煤泥样品中各粒度级颗粒外观形貌大体相同:当煤泥颗粒粒度大于 0.045 mm 时,煤泥颗粒表面较光滑平整;当煤泥颗粒粒度小于 0.045 mm 时,煤泥颗粒表面则表现为粗糙多空,且较大颗粒表面包覆有微细颗粒,即存在细泥罩盖现象。

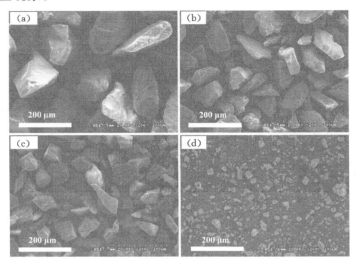

(a) 0.500~0.125 mm;(b) 0.125~0.075 mm;(c) 0.075~0.045 mm;(d) 一0.045 mm。

图 2-9　不同粒度 D 煤泥 SEM 图

(a) 0.500~0.125 mm;(b) 0.125~0.075 mm;(c) 0.075~0.045 mm;(d) 一0.045 mm。

图 2-10　不同粒度 L 煤泥 SEM 图

采用 SEM 联用能谱仪对不同煤泥样品表面元素组成进行了分析,结果如表 2-6 所示。由两种不同煤泥样品表面元素组成分析结果可知,两煤泥样品表面主要有 C、O、Na、Mg、Al、Si 和 Ca 七种元素,其中主要元素为 C 和 O,杂原子为 Na、Mg、Al、Si 和 Ca。

表 2-6　不同煤泥样品 EDS 分析

煤泥样品		D 煤泥水		L 煤泥水	
		质量比[①]/%	原子比[②]/%	质量比/%	原子比/%
元素	C	52.88	63.36	55.33	65.04
	O	32.35	28.66	31.75	28.03
	Na	4.14	2.59	4.33	2.66
	Mg	0.44	0.26	0.46	0.27
	Al	0.86	0.45	0.48	0.25
	Si	8.66	4.45	6.96	3.50
	Ca	0.67	0.23	0.69	0.24
总　量		100.00		100.00	

注:① 质量比指的是当前元素质量与整个点、线、面扫描的所有元素质量的百分比;
　　② 原子比指的是当前原子数量与整个点、线、面扫描的所有原子数量的百分比。

2. 精煤样品

采用日本株式会社 S-3000N 扫描电子显微镜对氧化前后的精煤样品进行了外观形貌观测,结果见图 2-11。由图可知,氧化前的精煤样品颗粒表面大多

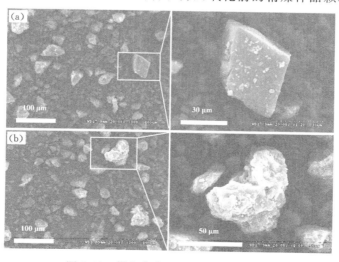

图 2-11　煤氧化前(a)后(b)的 SEM 图

都较光滑平整;而氧化后的精煤样品颗粒表面则存在较多褶皱的断裂面及空隙。这说明精煤样品在 H_2O_2 的氧化过程中颗粒表面发生破碎和解理,这一结果与激光粒度分析所得精煤氧化后平均粒度减小的结论相一致。

采用 5E-CHN2000 型元素分析仪测定了氧化前后精煤空气干燥样的元素组成,通过差减法计算可得到氧含量,结果如表 2-7 所示。由表可知,氧化后的精煤样品的氧元素含量增加了 1.28%,这说明精煤颗粒被氧化后增加了颗粒表面氧元素的含量;氧化后精煤样品其他元素含量变化不明显。

表 2-7 精煤样品的元素分析

分析指标	$C_{daf}/\%$	$O_{daf}/\%$	$H_{daf}/\%$	$N_{daf}/\%$	$S_{t,daf}/\%$
氧化前	85.31	6.51	5.39	1.47	1.32
氧化后	84.28	7.79	5.35	1.47	1.11

3. 高岭石

采用日本株式会社 S-3000N 扫描电子显微镜对不同粒度级的高岭石样品进行了外观形貌观测,结果如图 2-12 所示。由图可知,当粒度小于 13 μm 时,高岭石颗粒主要呈层状形貌存在,且粒度越小则层状形貌越明显;当粒度大于 13 μm 时,高岭石颗粒以不规则形态存在,且颗粒表面存在层状的解离面。

(a) -2 μm;(b) -13 μm;(c) $25\sim13$ μm;(d) $45\sim25$ μm;(e) $75\sim45$ μm;(f) $+75$ μm。

图 2-12 不同粒度级高岭石样品 SEM 图

采用 SEM 联用能谱仪对不同粒度高岭石样品表面元素组成进行了分析,结果如表 2-8 所示。由表可知,高岭石颗粒表面的主要元素有 Si、Al 及 O,除此之外还有少量的 Na、Ca 及 Mg。当高岭石粒度小于 13 μm 时,测得高岭石表面含有少量的 Na、Ca 及 Mg,且元素含量随着高岭石粒度的减小而增大;当高岭石粒度大于 13 μm 时,则没有元素 Na、Ca 及 Mg。这是由于-13 μm 粒级的高岭石颗粒比表面积大,容易吸附杂元素阳离子如 Na^+、Ca^{2+} 及 Mg^{2+} 等,同时也容易裸露出高岭石内部少量被晶格置换的杂元素阳离子;而+13 μm 粒级的高岭石颗粒比表面积较小,且表面较为平整,其表面的杂元素阳离子在 H_2O_2 氧化及后续大量去离子水的清洗过程中容易被去除,进而导致 EDS 分析没有检测到 Na、Ca 及 Mg 元素。同时,各个粒度级样品表面都没有检测到 C 元素,这说明采用 H_2O_2 氧化去除高岭石样品中的单质碳的效果较好;没有检测到 Fe 元素是因为 Fe^{3+} 通常置换高岭石铝氧八面体中的 Al^{3+},处在晶格内部,EDS 分析难以检测到。

表 2-8　不同粒度级高岭石 EDS 分析

粒度		−2 μm		−13 μm		25～13 μm		45～25 μm		75～45 μm		+75 μm	
		质量比[①]/%	原子比[②]/%	质量比/%	原子比/%	质量比/%	原子比/%	质量比/%	原子比/%	质量比/%	原子比/%	质量比/%	原子比/%
元素	Si	30.84	22.10	30.38	21.64	20.82	14.30	19.72	13.20	19.69	13.35	18.86	12.62
	Al	2.34	1.75	5.01	3.72	20.00	14.30	15.67	10.92	18.36	12.95	16.57	11.54
	O	51.00	64.17	52.42	65.55	59.18	71.40	64.61	75.89	61.95	73.70	64.57	75.84
	Na	8.78	7.68	6.84	5.95	0.00	0.00	0.00	0.00	0.00	0.00	0.00	0.00
	Ca	4.72	2.38	3.90	1.95	0.00	0.00	0.00	0.00	0.00	0.00	0.00	0.00
	Mg	2.32	1.92	1.45	1.19	0.00	0.00	0.00	0.00	0.00	0.00	0.00	0.00
总量		100.00		100.00		100.00		100.00		100.00		100.00	

注:① 质量比指的是当前元素质量与整个点、线、面扫描的所有元素质量的百分比;
　　② 原子比指的是当前原子数量与整个点、线、面扫描的所有原子数量的百分比。

2.4.2　表面 Zeta 电位

用去离子水分别配置 10 g/L 的精煤和全粒级高岭石悬浮液,用 HCl 和 NaOH 溶液调节悬浮液 pH 值至 7.0;两种煤泥水样品采用初始的矿浆浓度和矿浆 pH 值。采用美国 ZetaProbe Zeta 电位分析仪分别对不同原煤泥水、精煤悬浮液和高岭石悬浮液的 Zeta 电位进行测定,结果如表 2-9 所示。

表 2-9　不同试验样品的 Zeta 电位测定

样品	D 煤泥水	L 煤泥水	精煤	高岭石
pH 值	8.6	7.9	7.0	7.0

表 2-9(续)

样品	D 煤泥水	L 煤泥水	精煤	高岭石
悬浮液浓度/(g/L)	26	21	10	10
Zeta 电位/(mV)	−46.62	−17.84	−78.23	−20.54

由表 2-9 可知,D 煤泥水和 L 煤泥水的 Zeta 电位分别为−46.62 mV 和−17.84 mV,pH 为 7.0、悬浮液浓度为 10 g/L 时的精煤和高岭石悬浮液的 Zeta 电位分别为−78.23 mV 和−20.54 mV,说明煤泥水中微细颗粒表面都荷强负电,使得颗粒间接触时存在很强的静电排斥能,增加了煤泥水体系稳定性,对煤泥水沉降产生严重的不利影响。

2.4.3 表面官能团

1. 高泥化煤泥水

采用德国 NICOLET-380 型傅立叶变换红外吸收光谱仪对两种煤泥烘干样进行了 FTIR 测定,分析煤泥样品表面官能团组成,结果见图 2-13。

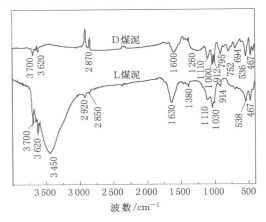

图 2-13　煤泥的红外光谱图

2. 煤

由图 2-13 可知,两种煤泥样品的红外光谱图在高频区主要有两个尖锐和一个较宽的吸收峰,分别在 3 620 cm⁻¹、3 700 cm⁻¹ 和 2 870 cm⁻¹ 处附近(L 煤泥在 3 450 cm⁻¹ 处也有一个较宽吸收峰,为羟基吸收峰),其中 3 620 cm⁻¹ 和 3 700 cm⁻¹ 为高岭石特征吸收峰,2 870 cm⁻¹ 为烷烃类 C—H 伸缩振动;在低频区主要有 1 600 cm⁻¹、1 260 cm⁻¹、1 110 cm⁻¹、1 000 cm⁻¹、912 cm⁻¹、795 cm⁻¹、752

cm^{-1}、694 cm^{-1}、536 cm^{-1}和 467 cm^{-1}十个吸收峰,主要为芳香化合物 C＝C 骨架振动、C—H 面外弯曲振动、醇类 C—O 振动及 O—H 面外弯曲振动、脂肪族 C—X 振动及 Si—O 吸收峰等。同时,从煤泥样品红外光谱图分析结果可知,煤泥颗粒中含有高岭石矿物,这一点与煤泥样品的 XRD 分析结果符合。

采用德国 NICOLET-380 型博立叶变换红外吸收光谱仪对氧化前后的精煤及全粒级高岭石样品进行了 FTIR 分析,结果如图 2-14 所示。由图 2-14 可知,3 448 cm^{-1}和 3 140 cm^{-1}处附近为酚羟基[111],1 645 cm^{-1}处附近为羧基,1 606 cm^{-1}处为 C—O—C 键的骨架振动,主要为氢键合的羰基以及具有—O—取代的芳烃 C＝C,而甲基(—CH₃)及亚甲基(—CH₂—)的对称和反对称弯曲振动在 1 400 cm^{-1}左右产生吸收峰,1 300～1 100 cm^{-1}处为羰基及醚键等,1 033 cm^{-1}处为酚、醇、醚、酯的 C—O。原精煤 1 606 cm^{-1}、1 033 cm^{-1}处峰较小,说明亲水性含氧官能团 C—O—C 及 C—O 较少,但含有大量疏水性官能团,如烷烃和芳香族化合物;而氧化精煤 3 448 cm^{-1}和 3 140 cm^{-1}处的峰强明显强于其他处峰值,这说明氧化后精煤颗粒表面的酚羟基含量增加了。

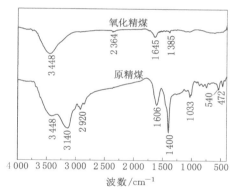

图 2-14　煤的红外光谱图

为更深入了解煤泥水中煤颗粒表面的元素含量及官能团类型,对氧化精煤进行了 XPS 分析,结果如表 2-10 所示。并根据学者对氧化精煤中 O1s[112-114]、C1s[115-117] 及 N1s[118-120] 的结合能位置及峰的归属,采用 XPS 分峰拟合软件 XPS PEAK 4.1 对氧化精煤的 O1s、C1s 及 N1s 进行了分峰拟合,结果分别如图 2-15、图 2-16 及图 2-17 所示。

表 2-10　氧化精煤表面 XPS 分析

元素	C1s	N1s	O1s	Si2p	Al2p
原子浓度/%	83.08	2.42	12.05	1.13	1.32

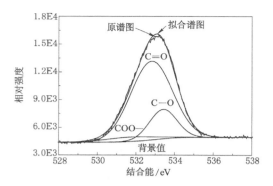

图 2-15 氧化精煤表面 O1s 的 XPS 拟合图谱

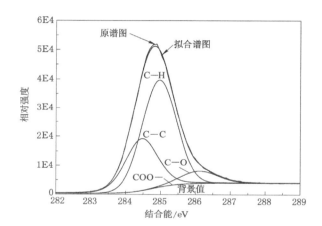

图 2-16 氧化精煤表面 C1s 的 XPS 拟合图谱

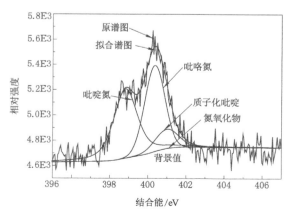

图 2-17 氧化精煤表面 N1s 的 XPS 拟合图谱

　　氧化精煤表面氧的存在形态主要有羰基、羟基、醚键以及羧基,图 2-15 为氧化精煤表面 O1s 的 XPS 拟合图谱。图中主要有 3 个氧结构特征峰,按电子结合能位置从低到高分别归属于羰基(C=O)、羟基和醚氧键(C—O)、羧基(COO—)。

　　氧化精煤表面碳的存在形态主要有 C—C、C—H、C—O、C=O 及 COO—等,图 2-16 为氧化精煤表面 C1s 的 XPS 拟合图谱。图中含有 4 个碳结构特征峰,按电子结合能位置从低到高分别归属于芳香碳(C—C)、脂碳(C—H)、酚碳/醚基(C—O)及羧基(COO—)。

　　图 2-17 为氧化精煤表面 N1s 的 XPS 拟合图谱,拟合出 4 个特征峰,按电子结合能位置从低到高分别归属于吡啶氮、吡咯氮、质子化吡啶和氮氧化物。

　　煤样表面官能团的分峰结果见表 2-11,从表中可获得煤表面 10 nm 层深度内的表面官能团组成及相对含量。由表可知,煤表面的含氧官能团按相对含量大小顺序排列为:羟基和醚键＞羧基＞羰基,这一结果与煤的 FTIR 分析结果相一致;煤表面的含碳官能团主要以芳香碳(C—C)和脂碳(C—H)为主,而含氮官能团则以吡啶氮和吡咯氮为主。

表 2-11　煤样表面官能团的分峰结果

元素类型	峰位置结合能/eV	官能团类型	峰面积	相对含量/%
O1s	531.70	C=O	1 543.43	5.09
	532.80	C—O	23 059.00	76.02
	533.40	COO—	5 728.30	18.89
C1s	284.45	C—C	22 554.34	30.58
	284.95	C—H	45 530.94	61.72
	286.10	C—O	5 613.01	7.61
	287.30	C=O	62.86	0.09
	288.60	COO—	0.10	0.00
N1s	398.82	吡啶氮	1 050.66	48.22
	400.34	吡咯氮	894.56	41.06
	400.99	质子化吡啶	233.37	10.71
	402.20	氮氧化物	0.10	0.01

3. 高岭石

　　由图 2-18 可知,高岭石图谱峰型非常接近高岭石的标准红外图谱(美国"萨特勒"标谱)[121],900～400 cm⁻¹ 为 Si—O、Al—O—H 及 Si—O—Al 键的弯曲和变形振动,1 100～900 cm⁻¹ 为 Si—O、Al—O—H 及 Si—O—Al 键的伸缩振动吸收峰;1 622 cm⁻¹ 处为高岭石表面吸附水中羟基的吸收峰[122];3 700～

3 600 cm^{-1}为羟基—OH 的吸收峰,其中 3 700 cm^{-1}附近的吸收为面对层间阳离子区域的外部—OH 的吸收峰,而 3 600 cm^{-1}附近则为存在于 Si—O 四面体层网和 Al—O 八面体层网之间的内部—OH 吸收峰。

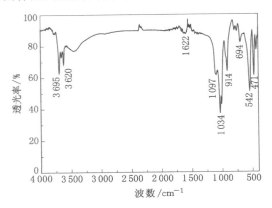

图 2-18　高岭石的红外光谱图

2.4.4　表面润湿性

采用美国科诺工业有限公司 C20 表面接触角测定仪对不同煤泥样品的表面接触角进行了测定,结果如图 2-19 所示。

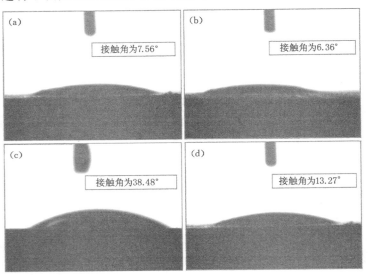

(a) D 煤泥;(b) L 煤泥;(c) 氧化精煤;(d) 高岭石。

图 2-19　不同样品接触角测定

　　由图可知,D煤泥和L煤泥的表面接触角分别为7.56°和6.36°,氧化精煤和高岭石的表面接触角分别为38.48°和13.27°。表面接触角测定结果表明:试验所用两种煤泥、煤及高岭石样品都为强亲水表面,强亲水表面易形成弹性水化膜,颗粒靠近时会产生粒间空间位阻和水化斥力,导致颗粒难以聚集沉降,这进一步说明了煤泥水中微细颗粒沉降难的事实。

2.5　本章小结

　　(1)试验用淮南矿区两种煤泥水中−0.045 mm粒级颗粒的累计产率都大于80%,且其灰分都较高,大于50%,说明试验所用煤泥水中高灰细泥含量都很高,即高泥化现象严重。

　　(2)两种煤泥水样的矿物组成大体一致,主要含有石英、高岭石及少量的蒙脱石、绿泥石及方解石等矿物,其中黏土矿物是主要成分。

　　(3)两种煤泥水中阳离子含量总体偏低,说明煤泥水水质硬度较低,不利于煤泥水沉降澄清处理。同时,两个煤泥水样品的pH值都为弱碱性,也不利于煤泥水中微细矿物颗粒,特别是黏土类矿物的沉降。

　　(4)综合煤泥水溶液化学性质及微细煤泥矿物颗粒界面性质分析结果可知,试验所用淮南矿区两种煤泥水样品,都具有高灰细泥含量高、黏土矿物含量高、颗粒表面电负性强及颗粒表面亲水性强等特点,属于典型的高泥化难沉降煤泥水。

3 疏水改性剂作用下煤泥水中微细颗粒疏水聚团特性研究

3.1 引言

要达到微细粒矿物疏水聚团沉降的目的,其前提条件是采用疏水改性剂实现矿物颗粒的表面疏水化[123]。目前,疏水改性剂大多应用在黏土矿物的疏水聚团分选领域,主要为阳离子胺盐及季铵盐类疏水改性剂[124]。文献[125]指出,疏水聚团是一种煤泥水处理的有效方法。然而,在煤泥水沉降处理领域疏水改性剂的应用还较少。颗粒表面通过疏水改性剂的吸附达到疏水化,疏水化的颗粒在疏水引力作用下聚集沉降的过程叫疏水聚团沉降。

为掌握烷基胺/铵类疏水改性剂在微细煤泥颗粒表面的吸附特性及其促进煤泥颗粒形成疏水聚团的作用机理,本章采用不同甲基取代程度的十二烷基胺盐及不同烷基链长的季铵盐作为疏水改性剂,以煤泥中主要微细颗粒煤、高岭石以及淮南矿区高泥化煤泥水作为研究对象,对疏水改性剂在微细煤泥矿物颗粒表面吸附特性进行了研究,同时考察了不同胺/铵盐类疏水改性剂对煤泥水中微细颗粒疏水聚团沉降效果的影响规律。

3.2 试验条件及研究方法

3.2.1 试验样品

本章使用的试验样品为第 2 章中所制备的氧化精煤(后面内容中氧化精煤简称煤)和高岭石样品以及两个选煤厂的高泥化煤泥水样品。

为便于后面测定煤及高岭石表面 Zeta 电位,计算其单位比表面积上药剂的吸附量,采用密度瓶法测定了煤及不同粒度级高岭石样品的密度,采用 V-Sorb 2 800P 型比表面积及孔径分析仪测定了煤及不同粒度级高岭石样品的比表面积,结果如表 3-1 所示。

表 3-1 不同样品密度和比表面积测定结果

样品	高岭石						煤
	$-2\ \mu m$	$-13\ \mu m$	$25\sim13\ \mu m$	$45\sim25\ \mu m$	$75\sim45\ \mu m$	$+75\ \mu m$	
密度（g/m³）	2.53	2.57	2.62	2.66	2.73	2.63	1.25
比表面积（m²/g）	15.54	7.55	4.87	4.01	3.87	8.04	4.35

由表 3-1 可知,随着高岭石粒度的增大,所测得的高岭石密度也逐渐增大,且全粒级$-75\ \mu m$的高岭石密度为 2.63 g/cm³,这与相关文献提到的纯高岭石密度在 2.60～2.63 g/cm³ 相一致,这说明所测结果具有一定的准确性;随着高岭石粒度的增大,其比表面积呈减小趋势。煤的密度为 1.25 g/m³,比表面积为 4.35 m²/g。

3.2.2 试验试剂及仪器

本章所使用的主要试验试剂和仪器如表 3-2 和表 3-3 所示(第 2 章节介绍过的试剂和仪器,这里不再赘述)。

表 3-2 主要试验试剂

试剂名称	化学式	规格	用途
十二烷基伯胺（DDA）	$C_{12}H_{25}NH_2$	分析纯	疏水改性剂
十二烷基仲胺（MDA）	$C_{12}H_{25}N(CH_3)H$	分析纯	疏水改性剂
十二烷基叔胺（DMDA）	$C_{12}H_{25}N(CH_3)_2$	分析纯	疏水改性剂
十二烷基三甲基氯化铵（1231）	$C_{12}H_{25}N(CH_3)_3Cl$	分析纯	疏水改性剂
十四烷基三甲基氯化铵（1431）	$C_{14}H_{29}N(CH_3)_3Cl$	分析纯	疏水改性剂
十六烷基三甲基氯化铵（1631）	$C_{16}H_{33}N(CH_3)_3Cl$	分析纯	疏水改性剂
十八烷基三甲基氯化铵（1831）	$C_{18}H_{37}N(CH_3)_3Cl$	分析纯	疏水改性剂
氯化钙	$CaCl_2$	分析纯	凝聚剂
阴离子型聚丙烯酰胺（APAM）	—	化学纯	絮凝剂

表 3-3 主要试验仪器

仪器名称	型号	生产厂家
比表面积及孔径分析仪	V-Sorb 2 800P	北京,金埃谱科技有限公司
X 射线光电子能谱分析仪	XPS ESCALAB 250Xi	美国
C80 微热量量热仪	Calvet	法国,Setaram 公司

表 3-3（续）

仪器名称	型号	生产厂家
紫外分光光度计	UV-2000	日本,岛津
高速离心机	LD4-2	北京
恒速强力电动搅拌器	JJ-1B	上海

3.2.3 研究方法

1. 吸附试验

采用 UV-2000 型紫外分光光度计测定不同种类疏水改性剂在煤及高岭石表面的吸附量。文献[126]指出,在 pH＝7.5～8.5 的磷酸盐缓冲液中,阳离子胺/铵盐类疏水改性剂能与 BTB 的离子发生缔合反应,使游离的 BTB 浓度降低,BTB 的颜色随之变浅。首先使用紫外分光光度计测定胺/铵盐类疏水改性剂 BTB 溶液的吸收光谱图,以确定其最大吸收波长;其次以 BTB 标准液做参比溶液,以最大吸收波长为测定波长,测定不同物质的量浓度或质量浓度疏水改性剂对应的吸光度,绘制工作曲线（药剂浓度-吸光度 ΔA）,并对其进行一次线性拟合得到标准工作曲线。

对单一矿物,取 2 g 矿物颗粒用已配置好的指定浓度疏水改性剂溶液（烷基胺盐用物质的量比 1∶1 的浓 HCl 酸化后,再用去离子水配制相应浓度水溶液使用;季铵盐直接用去离子水配制成相应水溶液使用）定容为 200 mL,采用 HCl 和 NaOH 溶液调节其 pH 值至指定值,再立即用电子搅拌器以 750 r/min 强度搅拌 10 min,置于 500 mL 量筒中静置 3 h,取上清液进行离心沉降 30 min,取离心液配置溶液以 BTB 溶液为参比在测定波长下测定吸光度,根据得出的不同物质的量浓度各药剂工作曲线,采用残余浓度法计算出疏水改性剂在矿物颗粒表面的吸附量,计算公式如下:

$$q = \frac{V_{悬}(c_0 - c)}{m_{矿} \cdot A_{sp}} \tag{3-1}$$

式中,q 为吸附量,$\mu mol/m^2$;c_0 和 c 分别为初始药剂浓度和残余药剂浓度,$\mu mol/L$;$V_{悬}$ 为悬浮液体积,L;$m_{矿}$ 为矿物颗粒质量,g;A_{sp} 为固体颗粒比表面积,m^2/g。

对于煤泥水,通过将原煤泥水浓缩至 30 g/L,量取 500 mL 搅拌均匀的该浓度煤泥水放入 1 000 mL 烧杯中,加一定药剂用量的疏水改性剂,采用 pH 调整剂调节煤泥水 pH 值,再立即用电子搅拌器以 750 r/min 强度搅拌 10 min,置于 500 mL 量筒中静置 3 h,取上清液进行离心沉降 30 min,取离心液配置溶液以 BTB 溶液为参比在测定波长下测定吸光度。根据所得工作曲线，采用残余浓度法计算出疏水改性剂在煤泥颗粒表面的吸附量，计算公式如下：

$$q = \frac{1\,000 w V_{药} \rho - (V_{煤} - m_{煤}/\rho_1)c/1\,000}{m_{煤}} \tag{3-2}$$

式中，q 为吸附量，mg/g；w 为药剂水溶液的质量百分数，取 0.5%；$V_{药}$ 为添加药剂水溶液的体积，mL；ρ 为药剂水溶液的密度（取 1 g/cm³）；$V_{煤}$ 为煤泥水的体积，取 500 mL；$m_{煤}$ 为煤泥的质量，取 15 g；ρ_1 为煤泥的密度，取 1.54 t/m³；c 为根据工作曲线得到的药剂浓度，mg/L。

2. 疏水聚团观测试验

采用 HSA10 单筒变倍显微镜观测疏水改性剂作用下样品颗粒形成疏水聚团的形态大小。首先用一定浓度的指定疏水改性剂水溶液配置质量百分数为 0.5% 的样品悬浮液（对于煤泥水，用循环清水将原煤泥水稀释至固体质量百分数为 0.5%，再添加指定药剂用量的疏水改性剂），立即用电子搅拌器以750 r/min 强度搅拌 10 min，再置入 500 mL 大烧杯中让样品颗粒在疏水改性剂作用下自然形成疏水聚团，待样品颗粒聚团稳定后用大头滴管取出滴在玻璃载片上用单筒变倍显微镜进行观测。

3. 沉降试验

（1）单一矿物和混合矿物疏水聚团沉降试验

取 2 g 样品颗粒用已配置好的指定浓度疏水改性剂溶液定容为 200 mL，采用 HCl 和 NaOH 溶液调节其 pH 值至指定值，再立即用电子搅拌器以指定搅拌强度搅拌指定时间。立即置入 200 mL 量筒中自然沉降 8 min，取顶端 100 mL 悬浮液用紫外分光光度计测定透光率，底端 100 mL 悬浮液过滤烘干后测定其质量。样品颗粒疏水聚团沉降效果用沉降产率来表征，则沉降产率为：

$$E_s = \frac{m_0}{m} \times 100\% \tag{3-3}$$

式中，E_s 为沉降产率，%；m_0 为沉降后底端 100 mL 悬浮液中固体样品颗粒质量，g；m 为沉降中样品总质量，g。

（2）高泥化煤泥水疏水聚团沉降试验

参照 GB/T 26919—2011《选煤厂煤泥水自然沉降试验方法》进行煤泥水疏水聚团沉降试验[127]。量取 500 mL 搅拌均匀的一定浓度煤泥水放入 500 mL 的烧杯里，加（或不加）一定药剂用量的疏水改性剂，用 HCl 或 NaOH 溶液调节 pH 值，再立即用电子搅拌器以一定的速度搅拌一定时间，置于 500 mL 量筒自然沉降 60 min，记录澄清界面的下降距离，并在沉降 15 min 时取上清液做透光率试验。

3.3 煤泥矿物颗粒表面吸附量测定及吸附过程能量变化

3.3.1 疏水改性剂在煤颗粒表面吸附量测定

以 3 种不同十二烷基胺盐（DDA、MDA 及 DMDA）及 4 种烷基链长不同的季铵盐（1231、1431、1631 及 1831）作为疏水改性剂，对这 7 种不同种类药剂在煤颗粒表面的吸附量进行了测定，结果如图 3-1 所示。

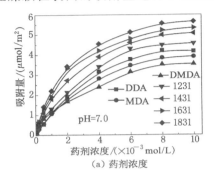
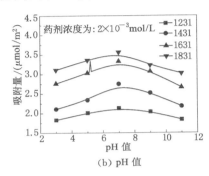

图 3-1　不同条件下疏水改性剂在煤颗粒表面的吸附量

由图 3-1 可知，随着药剂浓度的增大，不同疏水改性剂在煤颗粒表面的吸附量呈稳步上升的趋势，当药剂浓度达到 8×10^{-3} mol/L 时，吸附量开始趋于平衡；不同种类药剂在煤颗粒表面吸附量的大小顺序为 1831＞1631＞1431＞1231＞DDA＞MDA＞DMDA，这说明疏水改性剂烷基链越长，在颗粒表面的吸附量则越大，但总体上各药剂在煤表面的吸附量偏低。随着 pH 值的增大，煤颗粒表面不同疏水改性剂的吸附量呈先增后减的趋势，在 pH＝7 附近出现最大值。

3.3.2 疏水改性剂在高岭石颗粒表面吸附量测定

以 3 种不同十二烷基胺盐（DDA、MDA 及 DMDA）及 4 种烷基链长不同的季铵盐（1231、1431、1631 及 1831）作为疏水改性剂，对这 7 种不同种类药剂在高岭石颗粒表面的吸附量进行了测定，结果如图 3-2 所示。

由图 3-2 可知，随着药剂浓度的增大，不同疏水改性剂在高岭石表面的吸附量都呈现稳步上升的趋势，当药剂浓度达到 8×10^{-3} mol/L 时，吸附量开始趋于平衡；不同种类药剂在高岭石颗粒表面吸附量的大小顺序为 1831＞1631＞

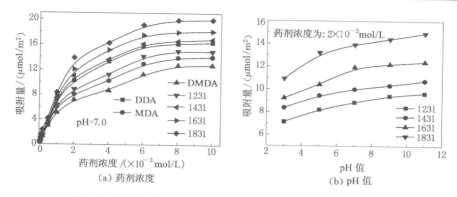

图 3-2　不同条件下疏水改性剂在高岭石颗粒表面的吸附量

1431>DDA>1231>MDA>DMDA，这说明疏水改性剂烷基链越长，在高岭石颗粒表面的吸附量则越大。随着 pH 值的增大，高岭石颗粒表面不同疏水改性剂的吸附量呈缓慢上升的趋势。

3.3.3　疏水改性剂在煤泥颗粒表面吸附量测定

以 4 种烷基链长不同的季铵盐（1231、1431、1631 及 1831）作为疏水改性剂，对这 4 种季铵盐在高岭石颗粒表面的吸附量进行了测定，结果如图 3-3 和图 3-4 所示。

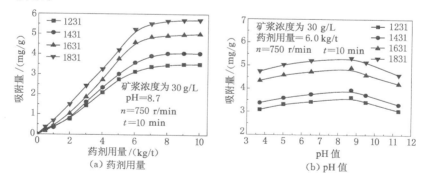

图 3-3　不同条件下疏水改性剂在 D 煤泥颗粒表面的吸附量

图 3-3 和图 3-4 分别为不同药剂用量及不同 pH 值条件下季铵盐在两个煤泥样品颗粒表面吸附量的变化曲线。由图 3-3（a）和图 3-4（a）可知，随着季铵盐烷基链长度的增长、药剂用量的增大，其在煤泥颗粒表面的吸附量都呈上升趋势，当季铵盐的药剂用量为 7 000 g/t 时，吸附量开始趋于平衡。由图 3-3（b）和图 3-4（b）可知，随着 pH 值的增加，1231、1431、1631 及 1831 在煤泥颗粒表

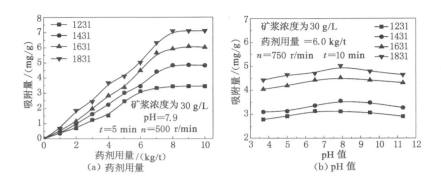

图 3-4　不同条件下疏水改性剂在 L 煤泥颗粒表面的吸附量

面的吸附量都呈先增后减趋势;同时,季铵盐烷基链越长,其在煤泥颗粒表面的吸附量越大。

结果分析表明:烷基链长度越长、药剂用量越大,越有利于季铵盐在煤泥颗粒表面的吸附,但当药剂用量达到一定值时,季铵盐在颗粒表面的吸附量将趋于平衡;弱碱性条件有利于季铵盐在煤泥颗粒表面的吸附。

3.3.4　吸附过程能量变化

吸附热是吸附反应过程产生的热效应,反映了吸附过程的能量变化,是吸附过程的特征参数之一。从吸附热的大小可以了解吸附现象的物理化学本质,即了解吸附作用力的性质、表面均匀性、吸附键的类型及吸附分子间相互作用的情况。

试验通过测定不同季铵盐溶液在矿物表面的润湿热来表征季铵盐在矿物表面吸附热的相对大小。采用法国 Setaram 公司的 Calvet 型 C80 微热量量热仪对水及 0.01 mol/L 4 种不同烷基链长的季铵盐在煤及高岭石颗粒表面的润湿热进行了测定,结果如表 3-4 所示。结果表明,不同季铵盐在煤与高岭石表面的润湿热绝对值随着烷基链长的增加而增大,且都大于去离子水在煤与高岭石表面的润湿热绝对值,这说明药剂在煤与高岭石表面的吸附改变了矿物表面的疏水性;根据润湿热为负值可知,4 种季铵盐与煤及高岭石颗粒表面的作用都是放热反应,说明季铵盐与煤及高岭石颗粒表面之间的吸附作用是一个自发的过程;同时可以看出,不同季铵盐在高岭石表面的润湿热值远大于在煤表面的润湿热,这进一步说明疏水改性剂更容易在高岭石表面吸附,而在煤表面吸附效果不理想,这一结果与吸附量分析结果相一致。

表 3-4　0.01 mol/L 不同季铵盐在煤及高岭石表面的润湿热

样品	比表面积 /(m²/g)	润湿热/(J/m²)				
		去离子水	1231	1431	1631	1831
煤	4.347 5	−0.055	−0.064	−0.074	−0.083	−0.098
高岭石	8.041 8	−0.137	−0.180	−0.246	−0.339	−0.423

以 4 种季铵盐在煤及高岭石颗粒表面吸附量最高的 1831 为例,对 0.01 mol/L 1831 溶液在煤及高岭石颗粒表面的吸附热曲线进行分析,结果如图 3-5 所示。

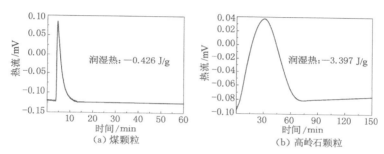

图 3-5　0.01 mol/L 1831 溶液在颗粒表面的润湿热曲线

由图 3-5 可知,1831 在煤表面的作用时间主要集中在 5~15 min,随后便达到吸附平衡,而 1831 在高岭石表面的作用时间则较长,约 70 min。这说明 1831 在高岭石表面的作用强于在煤表面的作用。

3.4　疏水改性剂对煤及高岭石颗粒界面结构性质的影响

3.4.1　疏水改性剂对煤及高岭石颗粒表面润湿性的影响

不同胺/铵盐作为疏水改性剂,在微细煤泥矿物表面吸附将改变矿物表面润湿性。本节采用压片法对药剂吸附后煤及高岭石表面接触角进行了测定,结果如图 3-6 所示。

第 2 章中已测得原煤和高岭石样品的表面接触角分别为 38.48°和 13.27°,表现为强亲水表面。由图可以看出,不同种类疏水改性剂作用后的煤及高岭石表面接触角相对于原样有了显著的增大;且随着药剂浓度的增大,药剂作用后煤及高岭石表面接触角是呈逐渐增大的趋势;不同种类药剂对煤及高岭石的疏水改性能力大体为 1831>1631>1431>1231>DDA>MDA>DMDA。

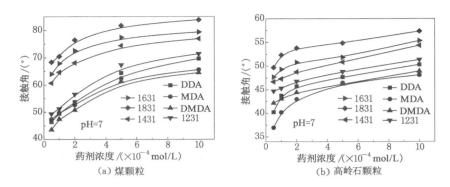

图 3-6　药剂种类及药剂浓度对疏水改性剂作用下颗粒表面润湿性的影响

3.4.2　疏水改性剂对煤及高岭石颗粒表面 Zeta 电位的影响

颗粒表面 Zeta 电位是影响颗粒聚集和分散的主要影响因素之一,试验考察了药剂种类及药剂浓度、pH 值对疏水改性剂作用后的煤及高岭石颗粒表面 Zeta 电位的影响规律。

图 3-7 为药剂种类及药剂浓度对疏水改性剂作用前后煤及高岭石表面 Zeta 电位的影响。由图可知,疏水改性剂作用后颗粒表面 Zeta 电位明显增大,随着药剂浓度的增大,煤和高岭石表面 Zeta 电位逐渐从负值增大至正值,随后逐渐趋于平衡,这说明不同胺/铵类疏水改性剂能够降低煤与高岭石颗粒表面电负性;同时,不同药剂种类的疏水改性剂降低煤与高岭石表面电负性的能力为 1831＞1631＞1431＞十二烷基胺/铵,而 4 种不同十二烷基胺/铵降低煤与高岭石表面电负性的能力顺序有所不同,但 4 种药剂间的差距不大。

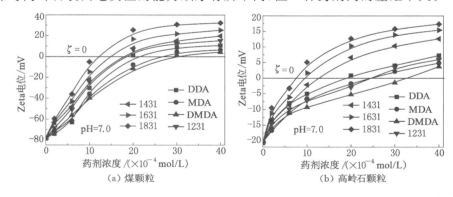

图 3-7　药剂种类及药剂浓度对疏水改性剂作用下颗粒表面 Zeta 电位的影响

根据图 3-7 结果,分别取药剂浓度为 2×10^{-4} mol/L 和 6×10^{-4} mol/L 考察了 pH 值对不同疏水改性剂作用下煤及高岭石颗粒表面 Zeta 电位的影响规律,结果如图 3-8 所示。由图 3-8 可以发现类似图 3-7 所体现的规律,即疏水改性剂作用后煤及高岭石表面 Zeta 电位明显增大;随着 pH 值由 3 增大到 11,疏水改性剂作用前后煤及高岭石颗粒表面 Zeta 电位从正值逐渐减小到负值。这说明,强酸性和强碱性条件都不利于疏水改性剂在煤与高岭石颗粒表面的吸附作用,中性和弱碱性条件比较有利于疏水改性剂在颗粒表面的吸附。

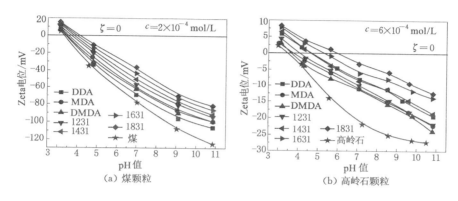

图 3-8　pH 值对疏水改性剂作用前后颗粒表面 Zeta 电位的影响

由疏水改性剂对煤与高岭石表面 Zeta 电位的影响结果分析可知,不同胺/铵类疏水改性剂能降低煤与高岭石表面电负性,且疏水改性剂碳链长度越长,其降低颗粒表面电负性的效果越好;同时,中性和弱碱性条件有利于疏水改性剂与颗粒表面发生作用,进而促进其降低表面电负性,而强酸和强碱性条件都将恶化疏水改性剂对颗粒表面的作用效果。

3.4.3　疏水改性剂对煤及高岭石颗粒表面官能团的影响

通过分析疏水改性剂作用前后微细煤泥矿物颗粒表面官能团及不同位置处特征峰峰强的变化,可以了解药剂与颗粒表面相互作用的强弱及药剂在颗粒表面吸附量的相对大小。本节以不同季铵盐为疏水改性剂,考察了煤及高岭石在不同季铵盐作用前后表面官能团的变化,及不同因素对药剂作用后颗粒表面官能团的影响。

1. 疏水改性剂的红外光谱分析

图 3-9 为不同烷基链长季铵盐的红外光谱图。根据相关文献[128,129]可知,

3 500～3 100 cm^{-1}处吸收峰为胺类 N—H 伸缩振动，2 852 cm^{-1}和 2 920 cm^{-1}处吸收峰分别为烷烃烷基链亚甲基（CH$_2$）对称和不对称伸缩振动，1 640～1 560 cm^{-1}处吸收峰为 N—H 变形振动，1 465～1 340 cm^{-1}处吸收峰为烷烃的 C—H 弯曲振动，1 000～910 cm^{-1}处吸收峰为烷基三甲基胺/铵的特征官能团$^\nu$C—N（其中 911 cm^{-1}、963 cm^{-1}处吸收峰归属于胺/铵的 C—N 伸缩振动），900～600 cm^{-1}处吸收峰指示（—CH$_2$—）$_n$的存在（当 $n \geqslant 4$ 时，—CH$_2$—的平面摇摆振动吸收峰出现在 725 cm^{-1}附近）。

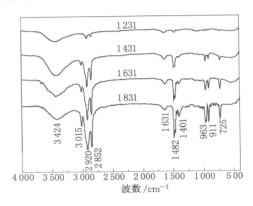

图 3-9　不同烷基链长季铵盐的红外光谱图

2. 不同因素对季铵盐作用后煤表面官能团的影响

试验考察了药剂种类、药剂浓度及 pH 值对季铵盐作用后煤颗粒表面官能团的影响，结果如图 3-10 所示。

由图 3-10 可知，3 448 cm^{-1}处吸收峰为羟基（—OH）的伸缩振动和胺类N—H 伸缩振动，1 385 cm^{-1}处吸收峰为甲基（—CH$_3$）及亚甲基（—CH$_2$—）的反对称和对称弯曲振动。即不同季铵盐在煤表面吸附后对该颗粒表面官能团的影响主要表现在 3 448 cm^{-1}处及 1 385 cm^{-1}处吸收峰的变化。由图 3-10(a)和图 3-10(b)可知，随着药剂烷基链长和药剂浓度的增加，煤红外图谱 3 448 cm^{-1}处及 1 385 cm^{-1}处吸收峰都明显增强；由图 3-10(c)可知，随着 pH 值的增加，煤红外图谱 3 448 cm^{-1}处及 1 385 cm^{-1}处吸收峰强度都呈先增后趋于平衡的趋势。

红外分析结果表明，不同季铵盐在煤颗粒表面的吸附量随着季铵盐烷基链长及药剂浓度的增大而增大，随着 pH 值的增加呈先增后减的趋势，这一结果与吸附量测定及接触角测定结果相一致。

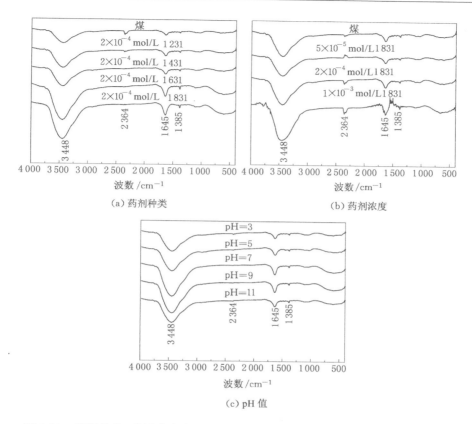

图 3-10　药剂种类、药剂浓度及 pH 在对季铵盐作用后煤颗粒表面官能团的影响

3. 不同因素对季铵盐作用后高岭石表面官能团的影响

试验考察了药剂种类、药剂浓度及 pH 值对季铵盐作用后高岭石颗粒表面官能团的影响,结果如图 3-11 所示。

如图 3-11(a)所示,随着季铵盐烷基链长的增加,指示胺类 C—N 伸缩振动在 1 350～1 000 cm^{-1}处及烷基三甲基特征官能团^{v}C—N 在 1 000～910 cm^{-1}处吸收峰强度明显增大。如图 3-11(b)所示,随着 1831 用量的增加,胺类 C—N 伸缩振动在 1 350～1 000 cm^{-1}处及烷基三甲基特征官能团^{v}C—N 在 1 000～910 cm^{-1}处吸收峰强度逐渐增强。这说明,季铵盐烷基链长越长、药剂用量越大,则越有利于季铵盐在高岭石颗粒表面进行吸附。如图 3-11(c)所示,随着 pH 值的增大,胺类 C—N 伸缩振动在 1 350～1 000 cm^{-1}处及烷基三甲基特征官能团^{v}C—N 在 1 000～910 cm^{-1}处吸收峰强度呈先增后减的趋势,这说明随着 pH 值的升高,高岭石颗粒表面吸附的季铵盐的量先逐渐增加而

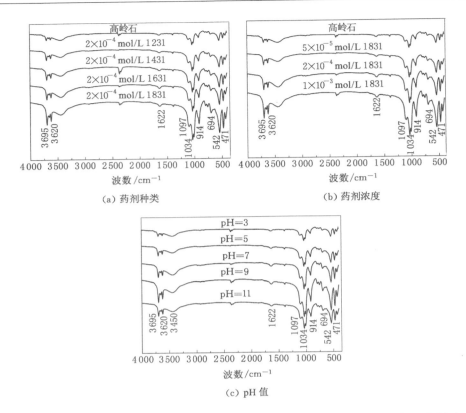

图 3-11　药剂种类、药剂浓度及 pH 值对季铵盐作用后高岭石颗粒表面官能团的影响

后降低,即弱碱性条件有利于季铵盐在高岭石颗粒表面的吸附;而 3 450 cm⁻¹ 处吸收峰有所增强,是由于随着 pH 的增大,3 500～3 000 cm⁻¹ 处—OH 的伸缩振动逐渐增强。

　　高岭石红外光谱分析结果表明,不同季铵盐在高岭石颗粒表面的吸附量随着季铵盐烷基链长及药剂浓度的增大而增大,这一结果与吸附量测试结果相符;而随着 pH 值的增加,1831 在高岭石表面的吸附量呈先增后减的趋势,这一结果与吸附量测定结果不符,原因在于强碱条件下药剂分子极少在颗粒表面吸附,大部分药剂分子出现自聚团现象,测定吸附量时的高转速离心作用将一部分自聚团的药剂分子甩离了上清液,进而导致上清液中药剂残余浓度偏小,产生吸附量测定结果偏大的误差。

　　为进一步分析疏水改性剂在煤及高岭石表面的吸附情况,以 DDA、MDA 及 1831 三种药剂为例,对疏水改性剂作用前后煤及高岭石的 XPS 全谱图进行了分析,结果分别如图 3-12 和图 3-13 所示。并采用 XPS 谱峰强度积分法[130]测定了疏水改性剂作用前后煤及高岭石表面的原子浓度,见表 3-5 和表 3-6。

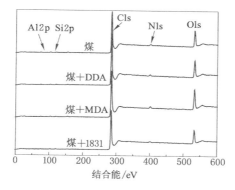

图 3-12　疏水改性剂作用前后煤的 XPS 全谱图

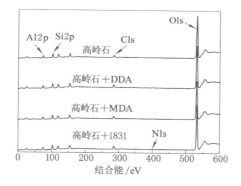

图 3-13　疏水改性剂作用前后高岭石的 XPS 全谱图

表 3-5　煤样表面 XPS 分析

样品	原子浓度/%				
	C1s	N1s	O1s	Si2p	Al2p
煤	83.08	2.42	12.05	1.13	1.32
煤＋DDA	80.6	2.64	13.88	1.36	1.52
煤＋MDA	79.15	3.01	15.16	1.30	1.38
煤＋1831	81.97	2.71	12.50	1.39	1.43

表 3-6 高岭石表面 XPS 分析

样品	原子浓度/%				
	Al2p	Si2p	C1s	N1s	O1s
高岭石	13.89	14.93	7.96	0.38	62.83
高岭石＋DDA	13.64	14.65	10.07	0.98	60.65
高岭石＋MDA	13.60	14.61	10.40	0.93	60.46
高岭石＋1831	13.52	14.46	11.54	0.89	59.59

由表 3-5 和表 3-6 可知,不同疏水改性剂作用后煤及高岭石颗粒表面 N1s 的原子浓度都发生了明显增加,说明不同疏水改性剂在煤及高岭石表面发生了吸附;同时根据颗粒表面 N1s 的原子浓度增加值大小可以判断 DDA、MDA 及 1831 三种药剂在煤及高岭石表面吸附稳定性大小分别为:MDA＞1831＞DDA 及 DDA＞ MDA＞1831。

3.4.4 煤及高岭石在疏水改性剂作用下的聚团形态观测

试验采用 HSA10 单筒连续变倍显微镜对疏水改性剂作用后煤及高岭石颗粒形成的疏水聚团形态进行了观测,观测结果如图 3-14 和图 3-15 所示。

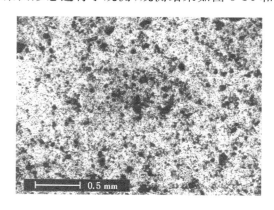

图 3-14 8×10^{-4} mol/L 1831 作用下煤颗粒(－75 μm)聚团显微照片,pH＝7.0

根据疏水聚团观测试探性试验,发现不同种类疏水改性剂对煤的疏水聚团效果不理想,故以其中在煤表面吸附量最大、对煤聚团效果最佳的 1831 为例,进行了疏水改性剂作用下煤的疏水聚团观测试验。由图 3-14 可知,在 1831 作用下,微细煤颗粒形成了微小的聚团,聚团直径大约在 0.05 mm,这说明即便是 1831 对煤颗粒的疏水聚团效果也不理想,难以促进煤颗粒聚团沉降。

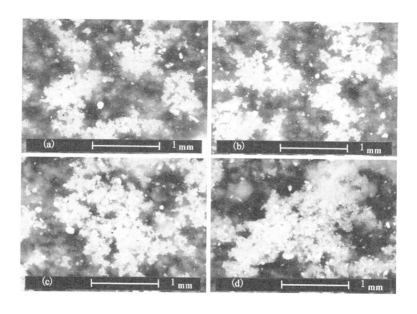

(a) 1231;(b) 1431;(c) 1631;(d) 1831。

图 3-15　8×10^{-4} mol/L 不同烷基链长的季铵盐作用后

高岭石颗粒(-2 μm)聚团显微照片,pH=7.0

图 3-15 为 8×10^{-4} mol/L 不同烷基链长的季铵盐作用后-2 μm 高岭石的疏水聚团形态照片。从图中可以看出,不同烷基链长的季铵盐作用下,微细高岭石颗粒发生强烈的疏水聚团行为,且随着季铵盐烷基链长的增加,高岭石疏水聚团的尺寸逐渐增大、聚团结构越来越紧密,其中 1831 作用下高岭石颗粒形成的疏水聚团尺寸最大、结构最紧密,聚团直径约为 1.5 mm。

疏水改性剂作用下煤及高岭石颗粒疏水聚团形态观测结果表明:疏水改性药剂能够改善煤及高岭石颗粒表面疏水性,促进颗粒形成疏水聚团;同时,疏水改性剂对煤的聚团效果远小于对高岭石颗粒的聚团效果。

3.5　疏水改性剂对煤泥颗粒界面结构性质的影响

3.5.1　疏水改性药剂对煤泥颗粒表面润湿性的影响

煤泥颗粒表面润湿性采用表面接触角来评价分析。不同条件两个煤泥样品表面接触角测试结果见图 3-16。从图 3-16 可以看出,不同条件下两个煤泥样品表面接触角的变化趋势是一样的：随着季铵盐烷基链长度的增加及季铵盐用量的增加，煤泥的表面接触角呈增大趋势。说明季铵盐类疏水改性剂能明显改善煤泥颗粒表面疏水性，且疏水改性的能力随着季铵盐烷基链长度的增加及药剂用量的增加而增强。

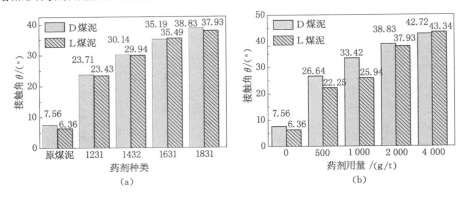

图 3-16　不同煤泥样品表面接触角测定结果

3.5.2　疏水改性药剂对煤泥颗粒表面 Zeta 电位的影响

煤泥颗粒表面 Zeta 电位是反映煤泥水处理药剂效果和机理的重要参数[130]，试验考察了季铵盐的药剂用量及 pH 值对两个煤泥样品颗粒表面 Zeta 电位的影响，结果如图 3-17 和图 3-18 所示。

由图可知，季铵盐的加入可以降低煤泥颗粒表面 Zeta 电位绝对值。图 3-17(a)及图 3-18(a)指出，随着药剂用量的增加、药剂烷基链长度的增长，煤泥颗粒表面 Zeta 电位绝对值减小的程度逐渐增大；图 3-17(b)及图 3-18(b)指出，随着 pH 值的增加，季铵盐降低煤泥颗粒表面 Zeta 电位绝对值的程度逐渐减小。

分析可知，季铵盐属于阳离子疏水改性剂，可以在负电颗粒表面因静电作用发生吸附，降低颗粒表面电负性。季铵盐的烷基链长越长、药剂用量越大，在相同的动能输入条件下溶液中的药剂分子与煤泥颗粒接触机会越大，在煤泥颗粒表面的吸附量越大，降低颗粒表面电负性的效果越强；随着 pH 值的增加，虽然开始时有利于季铵盐阳离子的吸附，但当 pH 值增大到一定程度时，溶液中的—OH 离子急剧升高，—OH 离子会中和溶液中一部分季铵盐阳离子，限制其在煤泥颗粒表面的吸附，出现图 3-17(b)及图 3-18(b)的结果。

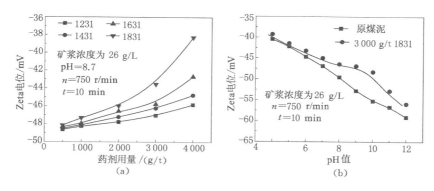

图 3-17　不同条件下的 D 煤泥颗粒表面 Zeta 电位

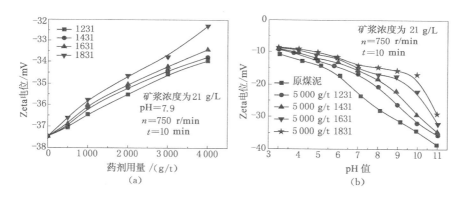

图 3-18　不同条件下的 L 煤泥颗粒表面 Zeta 电位

3.5.3　疏水改性剂对煤泥颗粒表面官能团的影响

以 D 煤泥水样品为例,考察了不同烷基链长的季铵盐吸附对煤泥颗粒表面官能团的影响。D 煤泥的红外光谱图见图 2-13,吸附季铵盐后煤泥的红外光谱图见图 3-9。

1. 不同药剂种类及药剂用量的季铵盐作用下煤泥的 FTIR 分析

对不同药剂种类及药剂用量的季铵盐作用下各煤泥样品进行了红外光谱测试,考察了药剂种类及药剂用量对煤泥吸附季铵盐后官能团的影响,试验结果如图 3-19 所示。

由图 3-19 可知,相对于原煤泥的红外光谱来说,添加药剂后煤泥的谱图明显表现出了与季铵盐谱图相一致的特征吸收峰,说明季铵盐作用后的煤泥颗粒表面吸附有季铵盐。如图 3-19(a)所示,随着季铵盐烷基链长的增加,烷

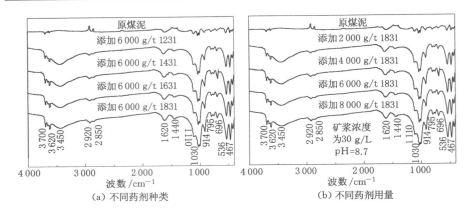

图 3-19　吸附季铵盐后煤泥的红外光谱图

烃 C—H 伸缩振动在 3 000～2 800 cm^{-1} 处及烷烃 C—H 弯曲振动在 1 465～1 340 cm^{-1} 处从无到有,且在季铵盐作用的样品中强度逐渐增大;指示胺类 C—N 伸缩振动在 1 350～1 000 cm^{-1} 处及烷基三甲基特征官能团 ˇC—N 在 1 000～910 cm^{-1} 处的吸收峰强度明显增大。如图 3-19(b)所示,随着 1831 用量的增加,烷烃 C—H 伸缩振动在 3 000～2 800 cm^{-1} 处、烷烃 C—H 弯曲振动在 1 465～1 340 cm^{-1} 处、胺类 C—N 伸缩振动在 1 350～1 000 cm^{-1} 处及烷基三甲基特征官能团 ˇC—N 在 1 000～910 cm^{-1} 处吸收峰强度逐渐增强。这说明,季铵盐烷基链长越长、药剂用量越大,则越有利于季铵盐在煤粒颗粒表面进行吸附,这一结果与吸附量测试结果相符。

2. 不同 pH 值条件下季铵盐作用后煤泥的 FTIR 分析

对不同 pH 值条件下季铵盐作用后各煤泥样品进行了红外光谱测试,考察了 pH 值对季铵盐在煤泥颗粒表面吸附的影响。试验结果如图 3-20 所示。

如图 3-20 所示,添加药剂后煤泥的谱图明显表现出了与季铵盐谱图相一致的特征吸收峰,说明季铵盐作用后的煤泥颗粒表面吸附有季铵盐;随着 pH 值从酸性到碱性(3.7 到 11.3),烷烃 C—H 弯曲振动在 1 465～1 340 cm^{-1} 处、胺类 C—N 伸缩振动在 1 350～1 000 cm^{-1} 处及烷基三甲基特征官能团 ˇC—N 在 1 000～910 cm^{-1} 处的吸收峰强度呈先增后减的趋势。这说明随着 pH 值的升高,煤泥颗粒表面吸附的季铵盐的量先逐渐增加而后降低,即弱碱性条件有利于季铵盐在煤泥颗粒表面的吸附,这一结果与吸附量测试结果相符。

3.5.4　煤泥颗粒在疏水改性药剂作用下的聚团形态观测

试验采用 HSA10 单筒连续变倍显微镜对不同种类及不同药剂用量的季

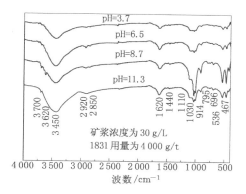

图 3-20 不同 pH 值条件下吸附 4 000 g/t 1831 后煤泥的红外光谱图

铵盐作用后煤泥颗粒形成的疏水聚团形态进行了观测，观测结果如图 3-21 和图 3-22 所示。

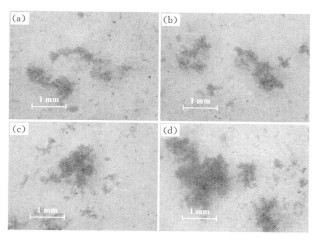

(a) 1231；(b) 1431；(c) 1631；(d) 1831。

图 3-21 D 煤泥在 4 000 g/t 不同季铵盐下的疏水聚团显微照片

由图可知，随着添加季铵盐的烷基链长度越长、药剂用量越大，不同煤泥颗粒形成的疏水聚团尺寸都越大。同时还可以看出，煤泥颗粒在季铵盐作用下，多是以较大粒度颗粒为核心，在疏水引力作用下聚集细小颗粒形成疏水聚团。当煤泥水浓度为 30 g/L、pH＝8.7、1831 用量为 4 000 g/t 时，煤泥疏水聚团效果较好，聚团尺寸较大，直径约 1.5 mm。

季铵盐烷基链长度越长，其疏水基的疏水性越强，被疏水化的煤泥颗粒间疏水引力作用越大，在疏水作用力的吸引下聚集的颗粒越多，形成的疏水聚团

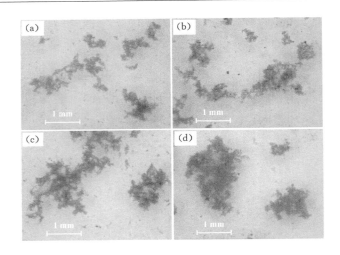

(a) 1231；(b) 1431；(c) 1631；(d) 1831。

图 3-22　L 煤泥在 4 000 g/t 不同季铵盐下的疏水聚团显微照片

尺寸越大；同理，季铵盐药剂用量越大，对煤泥颗粒表面的疏水改性越彻底，使得颗粒间的疏水引力作用越大，颗粒形成的疏水聚团尺寸越大。大粒度颗粒相对于细小颗粒来说，具有更大的表面积，其颗粒表面能够吸附更多的药剂分子，被疏水化后具有比细小颗粒更大的疏水作用力，使得细小颗粒都被其吸引而形成以大颗粒为核心的疏水聚团。

3.6　疏水改性剂对煤泥水中微细颗粒疏水聚团沉降的影响

3.6.1　单一煤颗粒疏水聚团沉降试验

根据疏水改性剂作用下煤颗粒表面药剂的吸附量测定、Zeta 电位分析及疏水聚团观测等结果可知，疏水改性剂对煤颗粒的疏水改性及聚团效果较差，对煤颗粒疏水聚团沉降的促进效果不理想。所以，本节只考察药剂种类、药剂浓度以及矿浆 pH 值对疏水改性剂作用下单一煤颗粒疏水聚团效果的影响。

1. 药剂种类和药剂浓度对煤沉降效果影响

药剂种类和药剂浓度对微细矿物颗粒疏水聚团的形成有着显著影响，进而影响颗粒疏水聚团沉降效果。图 3-23 为药剂种类和药剂浓度对疏水改性剂作用下煤疏水聚团沉降产率的影响规律，试验条件为：矿浆浓度 10 g/L、矿浆 pH＝7.0、搅拌强度为 750 r/min 及搅拌时间为 10 min。

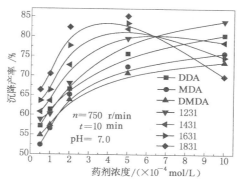

图 3-23　药剂种类和药剂浓度对疏水改性剂作用下煤疏水聚团沉降产率的影响规律

由图可知，随着药剂浓度的增大，不同种类疏水改性剂作用下煤的沉降产率呈现不一样的规律：4 种不同十二胺/铵作用下煤的沉降产率是随着药剂浓度的增大而增大；而 3 种季铵盐 1431、1631 及 1831 作用下煤的沉降产率则随着药剂浓度的增大呈先增后减的趋势，且最大值出现的位置随烷基链长的增大而减小。这说明疏水改性剂烷基链长度越长越有利于煤的疏水聚团沉降；当疏水改性剂烷基链长相同时，4 种不同十二胺/铵促进煤的沉降效果强弱由大到小为 1231＞DDA＞MDA＞DMDA；同时，由图中煤的最高沉降产率只处于 85％左右可以看出，不同疏水改性剂对促进煤的沉降效果整体上不理想。

由于疏水改性剂作用下煤的沉降效果不理想，图 3-23 中的药剂浓度范围下煤沉降 8 min 的上清液透光率都很低（接近 0），所以试验考察了 2×10^{-4} mol/L 不同疏水改性剂作用下煤上清液透光率随时间的变化曲线，结果如图 3-24 所示。从图中可以看出，不同疏水改性剂作用下煤上清液透光率随着时间的增加而增大，其中 4 种不同烷基链长的季铵盐作用下透光率在时间为 5 h 时开始趋于平稳；从透光率的大小上可以判断不同疏水改性剂对促进煤的沉降效果的强弱顺序为 1831＞1631＞1431＞1231＞DDA＞MDA＞DMDA。

2. 矿浆 pH 值对煤沉降效果影响

图 3-25 为 pH 值对疏水改性剂作用下煤疏水聚团沉降产率的影响规律，试验条件为：矿浆浓度为 10 g/L、药剂浓度为 2×10^{-4} mol/L、搅拌强度为 750 r/min 及搅拌时间为 10 min。随着 pH 值的增大，不同种类疏水改性剂作用下煤的沉降产率都呈先缓慢增加随后急剧降低的趋势，pH 在 7～9 的范围出现峰值。这说明，强酸和强碱条件都不利于疏水改性剂作用下煤的聚团沉降，最佳 pH 条件为弱碱性条件。

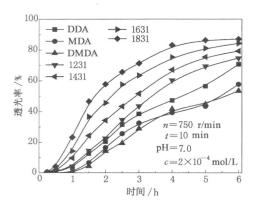

图 3-24　2×10^{-4} mol/L 不同疏水改性剂作用下煤上清液透光率随时间变化曲线

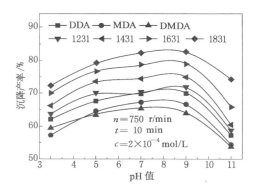

图 3-25　pH 值对疏水改性剂作用下煤疏水聚团沉降产率的影响规律

3.6.2　单一高岭石颗粒疏水聚团沉降试验

1. 药剂种类和药剂浓度对高岭石沉降效果影响

试验考察了药剂种类和药剂浓度对疏水改性剂作用下高岭石疏水聚团沉降的影响,试验条件为:矿浆浓度为 10 g/L、pH 值为 7.0、搅拌强度为 750 r/min,搅拌时间为 10 min。

图 3-26 为药剂种类和药剂浓度对疏水改性剂作用下高岭石疏水聚团沉降产率的影响规律,由图可知,随着疏水改性剂的药剂浓度增加,高岭石沉降产率先是急剧增大,当药剂浓度达到 2×10^{-4} mol/L 时沉降产率增大趋势开始平缓,最后趋于平稳;不同药剂种类的疏水改性剂作用下高岭石沉降产率的大小顺序大体上为:1831>1631>1431>1231>DDA>DMDA>MDA。

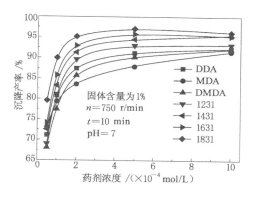

图 3-26 药剂种类和药剂浓度对疏水改性剂作用下高岭石疏水聚团沉降产率的影响规律

图 3-27 为药剂种类和药剂浓度对疏水改性剂作用下高岭石上清液透光率的影响。不同药剂种类疏水改性剂作用下,高岭石上清液透光率都随着药剂浓度的增大而增大,区别在于不同烷基链长度的季铵盐作用下上清液透光率在药剂浓度达到 5×10^{-4} mol/L 时开始趋于平衡,而不同十二胺盐作用下上清液则有继续随着药剂浓度的增加而增加的趋势。

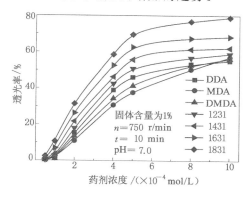

图 3-27 药剂种类和药剂浓度对疏水改性剂作用下高岭石上清液透光率的影响

结果表明:在药剂浓度相同的情况下,疏水改性剂的碳链长度越长,越有利于高岭石的疏水聚团沉降;结合药剂种类和药剂浓度对高岭石沉降产率和透光率的影响结果可知,当药剂浓度为 5×10^{-4} mol/L 时,1831 作用下高岭石疏水聚团的沉降效果最好。

2. 矿浆 pH 值对高岭石沉降效果影响

图 3-28 为 pH 值对疏水改性剂作用下高岭石疏水聚团沉降产率的影响规律,试验条件为:矿浆浓度为 10 g/L、药剂浓度为 2×10^{-4} mol/L、搅拌强度为

750 r/min、搅拌时间为 10 min。

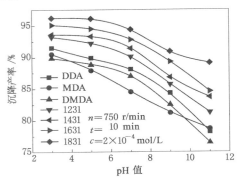

图 3-28　pH 值对疏水改性剂作用下高岭石疏水聚团沉降产率的影响规律

由图 3-28 可知,随着 pH 值的增加,不同疏水改性剂作用下高岭石沉降产率呈明显下降趋势;同时不同药剂种类的疏水改性剂作用下高岭石沉降产率的大小顺序大体上为:1831＞1631＞1431＞1231＞DDA＞DMDA＞MDA(这一结果与药剂种类及药剂浓度对高岭石沉降效果的影响结果相一致)。酸性条件下高岭石沉降产率高是由于高岭石颗粒在酸性条件下会发生自聚团现象,加速了药剂作用下高岭石的沉降速度;而强碱性条件高岭石沉降产率极低,则是因为强碱性条件下高岭石处于高度分散状态,且强碱性条件不利于疏水改性剂在高岭石表面吸附改性,进而使得高度分散的高岭石颗粒难以聚集沉降。结果表明,疏水改性剂作用下高岭石的沉降产率与高岭石的矿浆 pH 值成反比。

3. 动能输入对高岭石沉降效果影响

图 3-29 为动能输入对疏水改性剂作用下高岭石疏水聚团沉降产率的影响规律,试验主要考察了搅拌强度和搅拌时间对高岭石沉降产率的影响。试验条件为:矿浆浓度为 10 g/L、1831 药剂浓度为 2×10^{-4} mol/L、矿浆 pH 为 7.0。

由图 3-29 可知,不同搅拌强度下高岭石沉降产率都随着搅拌时间的增加呈先增后减的趋势,在搅拌时间为 5 min 时出现峰值;当搅拌时间相同时,不同搅拌强度下高岭石的沉降产率大小顺序为:500 r/min＞750 r/min＞300 r/min＞1 000 r/min＞1 300 r/min;即当搅拌强度为 500 r/min 及搅拌时间为 5 min 时,1831 作用下高岭石的聚团沉降效果最好。

动能输入过小,药剂分子不能充分与矿物表面碰撞和吸附,矿物表面不能被药剂充分疏水改性,沉降效果不好;而动能输入过大时,强烈的剪切作用容

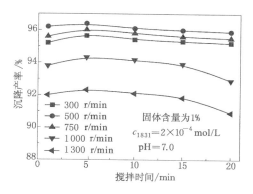

图 3-29　动能输入对疏水改性剂作用下高岭石疏水聚团沉降产率的影响规律

易使疏水改性剂作用下的矿浆溶液中产生细小的微泡(如图 3-30 所示,搅拌强度越大,气泡越小越密集),阻碍了高岭石聚团的沉降,进而减小了高岭石的沉降产率。所以,在特定的水溶液环境下,合适的动能输入能够促进疏水改性剂在高岭石矿物表面的吸附。

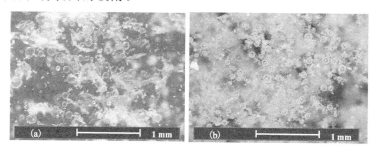

(a) 1 000 r/min+5 min;(b) 1 300 r/min+5 min。

图 3-30　不同动能输入条件下高岭石聚团中微泡显微照片

4. 矿浆浓度对高岭石沉降效果影响

图 3-31 为矿浆浓度对疏水改性剂作用下高岭石疏水聚团沉降产率的影响规律,试验中以悬浮液中高岭石的固体含量代替矿浆浓度,考察了 3 种不同药剂浓度的 1831 作用下固体含量对高岭石沉降产率的影响。试验条件为:搅拌强度为 750 r/min、搅拌时间为 10 min、矿浆 pH 值为 7.0。

由图 3-31 可知,不同药剂浓度 1831 作用下高岭石的沉降产率都随着固体含量的增加而减少;同时,可以看出,高岭石的沉降产率随固体含量的增加而减小的程度随着 1831 药剂浓度的增加呈明显减弱的趋势。

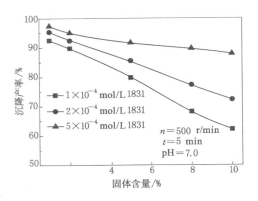

图 3-31　矿浆浓度对疏水改性剂作用下高岭石疏水聚团沉降产率的影响规律

5. 粒度对高岭石沉降效果影响

图 3-32 为高岭石粒度对疏水改性剂作用下高岭石疏水聚团沉降产率的影响规律,试验中以 DDA 及 1831 为疏水改性剂,考察了 5 种不同粒度级高岭石在药剂作用前后的疏水聚团沉降产率。试验条件为:搅拌强度为 750 r/min、搅拌时间为 10 min、药剂浓度为 2×10^{-4} mol/L、矿浆 pH 值为 7.0。

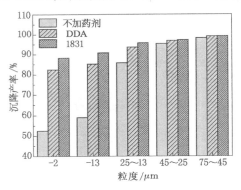

图 3-32　高岭石粒度对疏水改性剂作用下高岭石疏水聚团沉降产率的影响规律

由图 3-32 可知,随着高岭石粒度级的增大,DDA 及 1831 作用前后高岭石的沉降产率都呈明显增大的趋势;当高岭石粒度达到 +25 μm 时,药剂作用前后高岭石的沉降产率开始重合,并趋于相等。

高岭石粒度越大,比表面积越小(表 3-1),相同药剂浓度下药剂改性效果越好,同时粒度越大则颗粒本身的重力沉降作用越强,进而导致药剂作用前后高岭石颗粒沉降产率与粒度成正比;而当高岭石粒度达到 +25 μm 时,颗粒本身的重力沉降作用已经很强,逐渐大于药剂对颗粒的沉降效果,使得药剂作用前后颗粒的沉降产率逐渐相等。

3.6.3 煤与高岭石混合矿物疏水聚团沉降试验

为模拟不同疏水改性剂对真实煤泥水中主要矿物的疏水聚团沉降效果，试验将煤与高岭石混合，以不同烷基链长的季铵盐为疏水改性剂，考察了不同精煤质量百分比对疏水改性剂作用下混合矿物疏水聚团沉降的影响，结果如图 3-33 所示。试验条件：悬浮液固体含量为 1.0%、pH 值为 8.0、搅拌强度为 750 r/min、搅拌时间为 10 min。

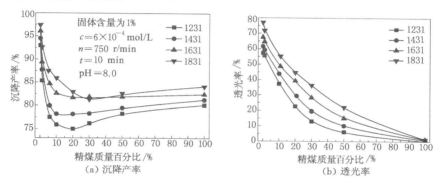

图 3-33　精煤含量对疏水改性剂作用下混合矿物疏水聚团沉降的影响

由图 3-33(a)可知，随着混合矿物中精煤质量百分比的增加，不同季铵盐作用下混合矿物沉降产率呈先急剧渐少后缓慢增加的趋势，同时可以看出，当混合矿物中精煤质量百分比为 10%～30%时，药剂作用下混合矿物沉降产率最低；由图 3-33(b)可知，不同季铵盐作用下混合矿物沉降后上清液透光率随精煤质量百分比的增加不断减小，当精煤质量百分比为 100%时透光率都趋近于 0，即混合矿物的聚团沉降效果明显优于单一煤的沉降效果。

疏水改性剂对煤颗粒表面疏水改性及聚团沉降效果不好，导致精煤的存在对混合矿物的疏水聚团沉降产生抑制作用；疏水改性剂作用下混合矿物的聚团沉降效果明显优于单一煤的沉降效果，是由于煤与高岭石颗粒间存在相互作用，疏水改性后微细高岭石颗粒形成的聚团容易网捕微细煤颗粒，进而提高了上清液透光率。

结果表明，煤的存在会对混合矿物的疏水聚团沉降产生抑制作用，同时高岭石的存在能够减少上清液中分散的微细煤颗粒，促进煤颗粒聚团沉降，提高上清液透光率。

3.6.4　淮南矿区高泥化煤泥水疏水聚团沉降试验

1. 药剂种类和药剂用量对煤泥水疏水聚团沉降的影响

药剂种类和药剂用量对疏水聚团形态有着显著的影响,试验以 4 种不同烷基链长度的季铵盐作为煤泥水疏水聚团沉降药剂,分别取药剂用量为 500 g/t、1 000 g/t、2 000 g/t、3 000 g/t 及 4 000 g/t 对两个厂的煤泥水样品进行了疏水聚团沉降试验,试验条件:D、L 煤泥水的矿浆浓度分别为 26 g/L 和 21 g/L、矿浆 pH 值分别为 8.6 和 8.0、搅拌强度为 750 r/min、搅拌时间为 10 min,试验结果如图 3-34 和图 3-35 所示。

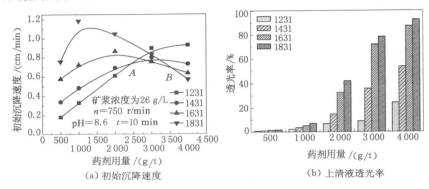

图 3-34　药剂种类和药剂用量对 D 煤泥水疏水聚团沉降的影响

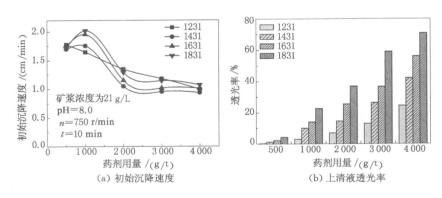

图 3-35　药剂种类和药剂用量对 L 煤泥水疏水聚团沉降的影响

对于 D 煤泥水,初始沉降速度随着药剂用量的逐渐增加呈先增后减的趋势[图 3-34(a)]:当药剂用量小于 A 点值时,初始沉降速度随着药剂烷基链长度的增长而增大;当药剂用量大于 B 点值时,初始沉降速度随着添加药剂烷基链长度的增长而减小。L 煤泥水的初始沉降速度随药剂用量的变化趋势与 D 煤泥水有所不同：当 1231 用量增加时，L 煤泥水的初始沉降速度呈减小趋势；而当 1431、1631 和 1831 用量增加时，初始沉降速度呈先增后减趋势，在药剂用量为 1 000 g/t 时达到最大值［图 3-35（a）］。图 3-34（b）和图 3-35（b）结果表明，煤泥水上清液透光率随着药剂用量和药剂烷基链长的增大而增大。结合图 3-34 和图 3-35 可知，当添加药剂为 1831、药剂用量为 3 000 g/t 时煤泥水沉降效果最佳，此条件下 D、L 煤泥水的沉降速度和透光率分别为 0.83 cm/min、78.6％和 1.31 cm/min、62.4％。

季铵盐属于阳离子疏水改性剂，在负电颗粒表面因静电作用发生吸附，使颗粒因疏水化发生聚团。季铵盐的药剂用量越大，在相同的动能输入条件下溶液中的药剂分子与煤泥颗粒接触机会越大，在煤泥颗粒表面的吸附量越大，降低颗粒表面电负性的效果越强，煤泥颗粒被疏水化的程度越大，越容易形成疏水聚团且形成的聚团越大；季铵盐烷基链越长，即疏水改性剂疏水基的疏水作用越强，则吸附在煤泥颗粒表面后对其疏水改性能力越强，此时被疏水化的颗粒也越容易形成疏水聚团。大的聚团因为相互堆挤形成空间网状结构具有网捕作用，提高上清液透光率，但同时由于聚团相互堆挤形成的结构也限制了煤泥的沉降速度，正是由于不同季铵盐随药剂用量的改变，使煤泥颗粒形成聚团的尺寸大小存在差异，才导致了初始沉降速度出现图 3-34（a）和图 3-35（a）所示的规律。

2. 矿浆浓度对煤泥水疏水聚团沉降的影响

试验考察了不同矿浆浓度对煤泥水疏水聚团沉降效果的影响规律，试验条件：D、L 煤泥水的矿浆 pH 值分别为 8.6 和 7.9、药剂种类为 1831、搅拌强度为 750 r/min、搅拌时间为 10 min，试验结果见图 3-36 和图 3-37。

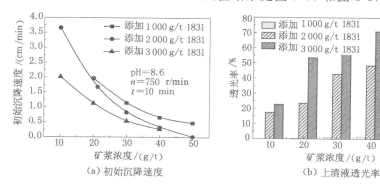

（a）初始沉降速度　　　　　　　（b）上清液透光率

图 3-36　矿浆浓度对 D 煤泥水疏水聚团沉降的影响

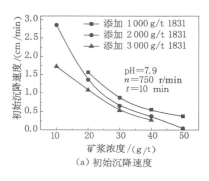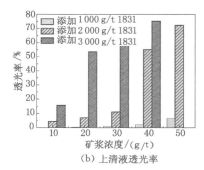

图 3-37　矿浆浓度对 L 煤泥水疏水聚团沉降的影响

如图所示,在其他条件相同的情况下,煤泥水矿浆浓度对煤泥水沉降效果具有显著的影响,随着矿浆浓度的增大,煤泥水初始沉降速度显著降低,上清液透光率增大。综合分析可知当煤泥水浓度为 20～30 g/L 时最有利于煤泥水疏水聚团沉降。

试验结果分析表明:矿浆浓度越大,则矿浆中的煤泥颗粒含量越高,在相同的动能输入条件下颗粒与药剂分子间及颗粒间的碰撞概率越大,这就使得溶液中的阳离子季铵盐分子能通过静电吸附充分使颗粒表面疏水化,同时疏水化的颗粒间能充分碰撞打破粒间斥力能垒,通过疏水作用力相互吸引形成疏水聚团。高矿浆浓度的煤泥水中煤泥颗粒形成的聚团较大,在沉降过程有较强网捕作用,使得上清液透光率较高,但大聚团在沉降过程中形成了稳定结构,限制了自身沉降速度,导致高矿浆浓度煤泥水沉降速度较慢。

3. 动能输入对煤泥水疏水聚团沉降的影响

在疏水聚团沉降中,动能输入即机械搅拌对煤泥聚团的形成及沉降结果具有重要的影响。试验考察了不同搅拌强度及不同搅拌时间对煤泥水疏水聚团沉降结果的影响规律,试验条件:D、L 煤泥水的矿浆浓度分别为 26 g/L 和 21 g/L、矿浆 pH 值分别为 8.6 和 7.9、药剂种类为 1831,试验结果见图 3-38 和图 3-39。

如图 3-38(a)所示,D 煤泥水的初始沉降速度随着机械搅拌强度的增大呈明显上升的趋势,随搅拌时间的增加呈先升后降的趋势,在搅拌时间为 10 min 时达到最大值;如图 3-38(b)所示,随着搅拌强度和搅拌时间的增加,D 煤泥水上清液的透光率的变化明显,透光率都呈现先增后减的趋势,在搅拌强度为 750 r/min 时及搅拌时间为 10 min 时达到最高值。

由图 3-39(a)可知,当搅拌强度为 300 r/min 时,L 煤泥水的初始沉降速度

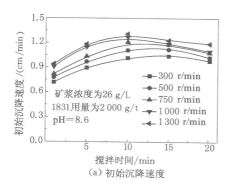
（a）初始沉降速度

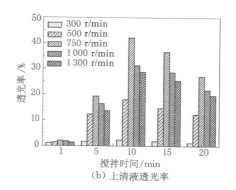
（b）上清液透光率

图 3-38　动能输入对 D 煤泥水疏水聚团沉降的影响

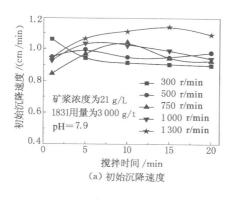
（a）初始沉降速度

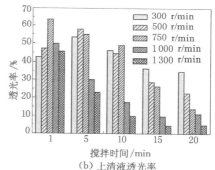
（b）上清液透光率

图 3-39　动能输入对 L 煤泥水疏水聚团沉降的影响

随搅拌时间的增大而减小；当搅拌强度＞300 r/min 时，L 煤泥水的初始沉降速度随搅拌时间的增大呈先增后减趋势。由图 3-39（b）可知，当搅拌强度≤500 r/min 时，L 煤泥水上清液透光率随着搅拌时间的增大呈先增后减趋势；当搅拌强度＞500 r/min 时，L 煤泥水上清液透光率随着搅拌时间的增大而减小。

　　综合图 3-38 和图 3-39 结果可知，在搅拌强度为 750 r/min 时及搅拌时间为 10 min 下的动能输入最有利于两种煤泥水样品的疏水聚团沉降。动能输入对煤泥水疏水聚团沉降的影响，主要是由于不同动能的输入改变药剂在煤泥颗粒表面的吸附量及疏水颗粒间的碰撞概率，进而影响煤泥颗粒形成疏水聚团的尺寸大小，导致煤泥水沉降速度和上清液透光率出现显著的差异，说明合适的搅拌强度和搅拌时间对煤泥水的疏水聚团沉降是十分有利的。

4. pH 值对煤泥水疏水聚团沉降的影响

煤泥水 pH 值是影响煤泥颗粒表面 Zeta 电位的重要因素,而煤泥颗粒表面 Zeta 电位是反映煤泥水处理药剂效果和机理的重要参数[131],因此考察不同 pH 值对煤泥颗粒的聚团形成及煤泥水聚团沉降效果的影响十分重要。将煤泥水 pH 值调节为 5 个不同值,然后在相同试验条件(矿浆浓度分别为 26 g/L 和 21 g/L、药剂种类为 1831、搅拌强度为 750 r/min、搅拌时间为 10 min)下做煤泥水疏水聚团沉降试验,试验结果见图 3-40 和图 3-41。

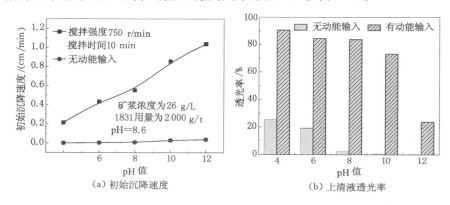

图 3-40　pH 值对 D 煤泥水疏水聚团沉降的影响

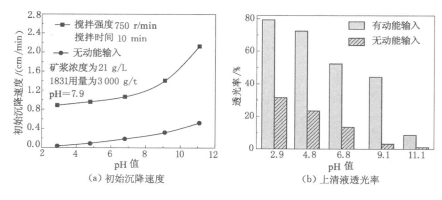

图 3-41　pH 值对 L 煤泥水疏水聚团沉降的影响

如图所示,随着矿浆 pH 值的增大,两煤泥水的初始沉降速度都稳步上升,上清液的透光率都逐渐减小。结合图 3-40 和图 3-41 可知,当 pH 值为弱碱性 8～10 时,初始沉降速度及上清液透光率都达到较高值,即煤泥水疏水聚团沉降较好 pH 值条件为弱碱性,而这与通常煤泥水的弱碱性情况是一致的。

高岭石和石英是煤泥水中主要的黏土矿物,对煤泥水的沉降有着显著影响。研究表明,高岭石是各向异性荷电体,硅氧四面体(T 面)上由于 Al/Si 在晶格中的类质同像置换而荷永久的负电荷,端面(E 面)上的硅醇基、铝醇基和铝氧八面体(O 面)上的强铝醇基在溶液中的质子化/去质子化作用,使其荷可变电荷,当 pH 值小于 5 左右时因为质子化作用荷正电,当 pH 值大于 5 左右时因为去质子化作用荷负电[132,133]。石英是各向同性荷电体,荷电性与 pH 值密切相关,由于其零电点较低,在试验 pH 值范围荷负电。当 pH<5 时,由于煤泥水中的高岭石颗粒的 E 面和 O 面荷正电荷,此时煤泥颗粒的聚团过程主要有两个部分:① 高岭石颗粒由于 T—O 面及 T—E 面的相互吸引而发生自聚团行为,以及高岭石颗粒的 E 面、O 面与石英颗粒及其他负电颗粒间的静电吸引而形成聚团,随着 pH 值的降低,由于 E 面和 O 面的正电荷量逐渐增加,颗粒间的聚团能力逐渐增强;② 季铵盐分子在负电颗粒表面的吸附,增强了颗粒表面疏水性,降低了颗粒表面电负性,促进了颗粒相互吸引形成疏水聚团,且 pH 值越低,颗粒表面电负性越低,颗粒聚团效果越好。这时煤泥颗粒形成的聚团大小随着 pH 值的减小而增大,大聚团在沉降时相互堆挤形成空间结构网捕细小的颗粒,提高了上清液透光率。当 pH≥5 时,高岭石各个端面都荷负电,此时煤泥颗粒的聚团主要是季铵盐分子的作用,随着 pH 值的增加,煤泥颗粒表面电负性逐渐升高,颗粒表面电负性的升高有利于季铵盐分子的吸附,在 pH=5~8 时,颗粒间的疏水作用力大于静电斥力,颗粒疏水聚团效果较好;但当 pH>8 时,颗粒表面电负性及溶液中 OH⁻ 离子含量急剧升高,颗粒间的静电斥力逐渐大于粒间的疏水作用力而占据主导位置,导致颗粒聚团效果恶化,形成的聚团也逐渐减小,小聚团在沉降时避免了相互堆挤,提高了沉降速度,但由于没有形成完整的空间网状结构,故而降低了上清液的透光率。综上所述,在弱碱性条件下沉降速度和上清液透光率都达到较满意的值,最适合煤泥水沉降;此外还可以看出,有动能输入的疏水聚团沉降效果明显优于无动能输入。

5. 药剂复配对煤泥水疏水聚团沉降的影响

(1)凝聚剂与疏水改性剂复配对煤泥水疏水聚团沉降的影响

试验以 D 煤泥水为例,考察了选煤厂常用凝聚剂氯化钙(CaCl₂)与疏水改性剂 1831 复配对煤泥水疏水聚团沉降的影响,试验条件:矿浆浓度为 26 g/L、矿浆 pH=8.6、搅拌强度为 750 r/min、搅拌时间为 10 min,试验结果见图 3-42。

由图可知,当单独使用 CaCl₂时,随着 CaCl₂用量的增加,煤泥水的初始沉降速度有微小的增大趋势,上清液透光率呈缓慢上升趋势;这时煤泥水的初始

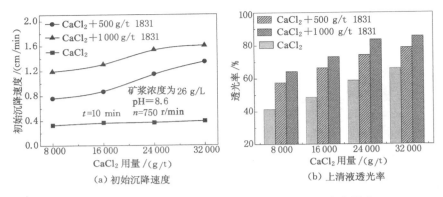

图 3-42　CaCl₂ 与 1831 复配对煤泥水疏水聚团沉降的影响

沉降速度和上清液透光率都较小,即单独 CaCl₂ 作用下煤泥水的凝聚沉降效果不理想。当 CaCl₂ 与 1831 复配使用时,随 CaCl₂ 用量的增加,煤泥水的初始沉降速度和上清液透光率都呈增大趋势,但增大的趋势较小。这说明 1831 和 CaCl₂ 对煤泥水聚团沉降具有协同作用,同时 CaCl₂ 对 1831 作用下煤泥水的疏水聚团沉降也有较小的促进作用。

（2）絮凝剂与疏水改性剂复配对煤泥水疏水聚团沉降的影响

试验以 D 煤泥水为例,考察了选煤厂常用絮凝剂阴离子型聚丙烯酰胺（APAM）与疏水改性剂 1831 复配对煤泥水疏水聚团沉降的影响,试验条件:矿浆浓度为 26 g/L、矿浆 pH＝8.6、搅拌强度为 750 r/min、搅拌时间为 10 min,试验结果见图 3-43。

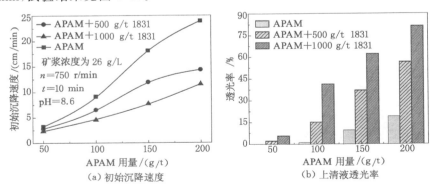

图 3-43　APAM 与 1831 复配对煤泥水疏水聚团沉降的影响

由图可知,单独使用 APAM 时,煤泥水的初始沉降速度值较大,且随着 APAM 用量的增大而增大,但煤泥水上清液的透光率非常小,即单独 APAM

作用下煤泥水的絮凝沉降效果极差。当 APAM 与 1831 复配使用时,煤泥水的初始沉降速度和上清液透光率都有显著提高,且 1831 用量越大,煤泥水聚团沉降效果越好,说明 1831 和 APAM 对煤泥水聚团沉降具有协同作用。

（3）混凝剂与疏水改性剂复配对煤泥水疏水聚团沉降的影响

为降低药剂成本和优化工艺流程,将絮凝剂 APAM 和凝聚剂 CaCl$_2$ 与1831 进行复配,并采用正交试验的方法研究了复配药剂对煤泥水疏水聚团沉降效果的影响,试验条件:矿浆浓度为 26 g/L、矿浆 pH＝8.6、搅拌强度为 750 r/min、搅拌时间为 10 min。根据单一药剂的探索试验确定各药剂合理范围,因素水平见表 3-7。

表 3-7　正交因素水平表

水平	因素 A	因素 B	因素 C
	1831 用量/(g/t)	APAM 用量/(g/t)	CaCl$_2$ 用量/(g/t)
1	500	40	4 000
2	1 000	60	6 000
3	1 500	80	8 000
4	2 000	100	10 000

如表 3-7 所示,以 APAM、CaCl$_2$ 及 1831 三种药剂的药剂用量作为影响因素,每个因素考察 4 个水平,1831 用量取 500 g/t、1 000 g/t、1 500 g/t 和2 000 g/t,APAM 用量取 40 g/t、60 g/t、80 g/t 和 100 g/t,CaCl$_2$ 用量取 4 000 g/t、6 000 g/t、8 000 g/t 和 10 000 g/t。

选用 L$_{16}$(5^4) 正交表进行试验设计,混凝剂与 1831 复配正交试验结果分析表见表 3-8。以初始沉降速度和上清液的透光率为试验指标,拟定对应的权重比为初始沉降速度:透光率＝1.2:0.8,定义综合指标[134]＝1.2×初始沉降速度＋0.8×透光率,综合指标越大说明煤泥水沉降效果越好。

以综合评分法考察各因素水平的搭配对煤泥水沉降的效果。通过极差法分析得出:$R_A > R_C > R_B$。通过方差分析得出:$F_A > F_C > F_B$。故三种因素对煤泥水沉降影响的主次顺序为:A,C,B。正交表的 9 号实验,在季铵盐 1831 用量为 1 500 g/t,絮凝剂 APAM 用量为 40 g/t,凝聚剂 CaCl$_2$ 用量为 10 000 g/t 时,煤泥水的初始沉降速度达到 0.97 cm/min,透光率达到 84.1%,此时的综合评分最高,煤泥水沉降的效果最好,故最佳搭配为 A$_3$B$_1$C$_4$。

结果分析表明:当同时采用絮凝剂 APAM 和凝聚剂 CaCl$_2$ 与 1831 进行复配时,不仅能够减少各药剂的用量,而且能够显著提高高泥化煤泥水的疏水聚团沉降效果。

表 3-8 混凝剂与 1831 复配正交试验结果分析表

试验号	因素					评价指标		
	A	B	空白列	C	空白列	初始沉降速度 /(cm/min)	透光率 /%	综合评分
1	1	1	1	1	1	1.52	1.00	2.63
2	1	2	2	2	2	1.06	8.08	7.73
3	1	3	3	3	3	1.03	21.90	18.75
4	1	4	4	4	4	0.92	49.60	40.78
5	2	1	2	3	4	1.08	46.60	38.57
6	2	2	1	4	3	1.13	52.00	42.96
7	2	3	4	1	2	1.26	25.70	22.07
8	2	4	3	2	1	1.16	37.10	31.07
9	3	1	3	4	2	0.97	84.10	68.44
10	3	2	4	3	1	1.20	59.70	49.20
11	3	3	1	2	4	1.16	47.30	39.23
12	3	4	2	1	3	1.43	29.90	25.63
13	4	1	4	2	3	1.02	76.90	62.74
14	4	2	3	1	4	1.29	31.60	26.82
15	4	3	2	4	1	1.23	81.40	66.60
16	4	4	1	3	2	1.13	77.90	63.67
K_1	69.90	172.39	148.49	77.66	149.5			
K_2	134.67	126.71	138.53	140.77	161.91		$T=606.89$	
K_3	182.51	146.66	145.08	170.20	150.08			
K_4	219.84	161.16	174.79	218.78	145.40			
R	149.94	45.68	36.26	141.63	16.51			
F 值	27.58	2.57		23.07				
因素主次	ACB							
最佳搭配	$A_3 C_4 B_1$							

3.7 疏水改性剂的疏水聚团作用机理分析

研究指出[135]，阳离子絮凝剂对负电颗粒的絮凝机理主要是"吸附电中和"及"吸附架桥絮凝"的综合作用。试验所用烷基胺/铵盐类疏水改性剂属于阳离子型疏水改性剂，且自身带有一定线性长度的烷基链，在负电煤泥颗粒表面通过静电引力作用发生吸附的同时，对微细煤泥颗粒也有微弱的絮凝作用，但由于阳离子胺/铵盐为小分子离子化合物，烷基链上可与煤泥颗粒表面发生吸附的活性基团只有一个，即在微细煤泥颗粒表面只能单点吸附，无法同时吸附捕集两个或两个以上的煤泥颗粒，故"吸附架桥絮凝"作用很弱，可忽略不计。吸附架桥理论表明[136,137]，只有当絮凝剂投加适量时，即胶体颗粒表面有部分被覆盖时，才能在胶粒间产生有效的吸附架桥作用，并获得最佳絮凝效果。因此，当阳离子胺/铵盐用量足够大时，药剂分子在颗粒表面吸附充分后，疏水颗粒在剪切力场提供高碰撞概率的条件下才会因颗粒表面药剂的烷基链间的疏水缔合作用发挥出微弱的"吸附架桥絮凝"作用。所以，阳离子胺/铵盐类疏水改性剂对微细煤泥矿物颗粒的疏水聚团作用是以"吸附电中和"为主的。即阳离子胺/铵盐在单颗粒表面的吸附符合"吸附电中和"聚团模式（图3-44）。胺/铵盐阳离子上的极性头基在颗粒表面大量吸附覆盖，中和煤泥颗粒表面的负电荷，从而降低煤泥颗粒表面电负性，减小粒间静电排斥力，使颗粒更容易接近聚集。

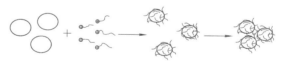

图 3-44　阳离子胺/铵盐在煤泥单颗粒表面的"吸附电中和"絮凝模型

经过阳离子胺/铵盐表面疏水改性后的煤泥矿物颗粒由于疏水引力作用在矿浆中发生疏水聚团行为，遵循于 EDLVO 理论。EDLVO 理论认为，颗粒界面能应该包括 DLVO 相互作用和非 DLVO 相互作用。当颗粒间距小于 20 nm 时，粒间的疏水作用开始显著，颗粒间的疏水作用能 U_{HR} 可以用式（1-1）表示。由于微细矿物颗粒间存在疏水作用能，颗粒间作用力表现为强吸引力，总相互作用能由疏水相互作用能提供。因此，煤泥颗粒经疏水改性剂充分疏水改性后，即使在较高的 Zeta 电位下，疏水引力作用也能克服静电排斥能，使疏水化颗粒发生聚团。

综上所述，阳离子胺/铵盐对煤泥颗粒的疏水聚团过程可以看作主要是

"吸附电中和"和疏水引力综合作用的结果,且两者间的作用强弱不仅取决于季铵盐的药剂种类、药剂用量,还取决于煤泥水体系的特性如矿浆 pH 值及矿浆浓度等。

3.8　本章小结

（1）不同种类疏水改性剂在煤及高岭石颗粒表面吸附量随着药剂浓度和烷基链长的增大而增加,当药剂浓度达到 8×10^{-3} mol/L 时,吸附量开始趋于平衡;随着 pH 值的增大,不同烷基链长的季铵盐在煤表面吸附量呈先增后减趋势,在高岭石表面的吸附量则呈缓慢增加的趋势。疏水改性剂在煤及高岭石颗粒表面的作用都是放热反应,即疏水改性剂在煤及高岭石表面的吸附是自发过程。

（2）疏水改性剂能够改善煤及高岭石表面疏水性,疏水改性剂作用后煤及高岭石表面接触角随着药剂浓度增大而增大,不同种类药剂对煤及高岭石的疏水改性能力大小为 1831＞1631＞1431＞1231＞DDA＞MDA＞DMDA;疏水改性剂在煤及高岭石表面吸附后能够减小颗粒表面电负性,不同种类疏水改性剂降低煤及高岭石表面电负性的能力为 1831＞1631＞1431＞十二烷基胺/铵,而 4 种不同十二烷基胺/铵降低颗粒表面电负性的能力顺序有所不同,但 4 者差异较小;弱碱性条件有利于疏水改性剂在煤及高岭石颗粒表面的吸附。疏水改性药剂能够促进微细粒煤及高岭石形成疏水聚团,但疏水改性剂对煤的聚团效果远小于对高岭石颗粒的聚团效果。

（3）疏水改性剂烷基链长度越长越有利于煤的疏水聚团沉降,不同疏水改性剂作用下煤的沉降效果的强弱顺序为 1831＞1631＞1431＞1231＞DDA＞MDA＞DMDA;最有利于煤疏水聚团沉降的矿浆 pH 值为弱碱性(pH＝7～9)。

（4）疏水改性剂作用下单一高岭石沉降产率随药剂浓度的增加而增大,当药剂浓度达到 2×10^{-4} mol/L 时趋于平衡;不同药剂种类的疏水改性剂作用下高岭石沉降产率的大小顺序大体上为:1831＞1631＞1431＞1231＞DDA＞DMDA＞MDA;随着矿浆 pH 值的增大,高岭石的沉降产率不断减小;高岭石疏水聚团的最佳动能输入为搅拌强度 500 r/min 及搅拌时间 5 min;矿浆浓度越大,高岭石的沉降产率越小;高岭石粒度级越小,则越难沉降,沉降产率越低。疏水改性剂作用下单一煤聚团沉降效果弱于单一高岭石的聚团沉降效果。煤的存在会对煤与高岭石的混合矿物疏水聚团沉降产生抑制作用,同时高岭石的存在能够减少上清液中分散的微细煤颗粒,促进煤颗粒聚团沉降,提高上清液透光率。

（5）两个厂煤泥水疏水聚团沉降最佳药剂种类和药剂用量为 1831 用量 3 000 g/t,在此条件下 D、L 煤泥水的沉降速度和透光率分别为 0.83 cm/min、78.6% 和 1.31 cm/min、62.4%。随着矿浆浓度的增大,煤泥水初始沉降速度显著降低,上清液透光率增大,当煤泥水浓度为 20～30 g/L 时有利于两煤泥水疏水聚团沉降;合适的动能输入有助于煤泥水的疏水聚团沉降,在搅拌强度为 750 r/min 及搅拌时间为 10 min 时的动能输入最有利于两煤泥水样品的疏水聚团沉降;随着矿浆 pH 值的增大,两煤泥水的初始沉降速度都稳步上升,上清液的透光率都逐渐减小,当 pH 值为弱碱性 8～10 时,初始沉降速度及上清液透光率都达到较高值,即煤泥水疏水聚团沉降较好的 pH 值条件为弱碱性。

（6）疏水改性剂能够促进煤泥水中颗粒的疏水聚团沉降。疏水改性剂作用下单一煤聚团沉降效果弱于单一高岭石聚团沉降效果。药剂种类及药剂用量、动能输入、矿浆浓度和矿浆 pH 值是影响微细煤泥矿物颗粒疏水聚团沉降效果的主要因素。单一凝聚剂或絮凝剂能够促进煤泥水的疏水聚团沉降,但效果不显著;当采用混凝剂与疏水改性剂复配使用时,不仅能够减少各药剂的用量,而且能够显著提高高泥化煤泥水的疏水聚团沉降效果。混凝剂与 1831 的最佳复配用量为絮凝剂 APAM 用量 40 g/t、凝聚剂 $CaCl_2$ 用量 10 000 g/t 时及 1831 用量 1 500 g/t,此时煤泥水的初始沉降速度达到 0.97 cm/min,透光率达到 84.1%。

（7）疏水改性剂阳离子能够通过静电引力在荷负电的微细煤泥矿物颗粒表面吸附,使颗粒表面疏水化,疏水化颗粒在疏水引力作用下形成疏水聚团。即阳离子胺/铵盐对煤泥颗粒的疏水聚团过程可以看作主要是"吸附电中和"和疏水引力综合作用的结果,且两者间的作用强弱不仅取决于季铵盐的药剂种类、药剂用量,还取决于煤泥水体系的特性如矿浆 pH 值及矿浆浓度。

4 水/疏水改性剂在煤与高岭石
表面吸附的密度泛函研究

4.1 引言

淮南矿区高泥化煤泥水中主要微细颗粒为煤和高岭石,两者都有特殊的表面结构和界面性质,对高泥化煤泥水的聚团沉降有着重要的影响。第 3 章已对不同胺/铵类疏水改性剂在微细煤泥矿物颗粒表面吸附特性进行了深入的试验研究,但仅通过试验还无法了解和掌握疏水改性剂分子在煤泥矿物表面吸附的微观结构和作用机理。因此,从原子层面研究煤及高岭石表面结构性质及表面吸附,有助于了解煤与高岭石表面水及药剂的吸附机理,为煤泥水的高效聚团沉降提供理论基础。

本章基于周期性密度泛函理论(DFT,density functional theory)方法,分别对水及疏水改性剂阳离子在煤与高岭石表面的吸附进行了模拟计算,并通过对不同煤含氧结构单元在高岭石表面作用的计算研究了煤与高岭石颗粒间的相互作用机制。

4.2 计算模型及方法

4.2.1 计算模型

1. 煤含氧结构单元

众所周知,水和药剂在烟煤表面的吸附主要是水和药剂与煤表面的含氧官能团发生相互作用。为减小计算量,根据前面煤样的 FTIR 及 XPS 计算结果,构建了 4 种不同含氧官能团的煤结构单元代替烟煤大分子结构,对水及药剂阳离子在煤表面的吸附进行密度泛函计算。

构建了 4 种不同含氧官能团的煤结构单元,如图 4-1 所示。这些煤结构单元主要由 1 个含氧官能团、1 个苯环及 1 个甲基构成,其中含氧官能团为烟煤表面最常见的含氧官能团酚羟基(Ph—OH)、羧基(—COOH)、羰基(—C=O)及醚键(—O—)。

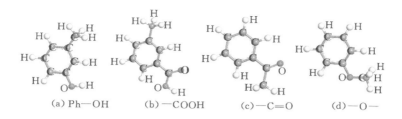

(a) Ph—OH   (b) —COOH   (c) —C=O   (d) —O—

图 4-1　不同煤含氧结构单元

2. 高岭石

高岭石分子式为 $Al_4(Si_4O_{10})(OH)_8$，具有 1∶1 型层状单元结构，由硅氧 (SiO_4) 四面体层与铝氧 $[AlO_2(OH)_4]$ 八面体层连接而成，层与层之间通过氢键相连，如图 4-2 所示。高岭石最易解理的方向是 (001) 面[138,139]，解理后得到图 4-2(a) 所示的高岭石 (001) 面 $(Al—OH$ 面) 和高岭石 $(00\overline{1})$ 面 $(Si—O$ 面)，因此高岭石 (001) 面和高岭石 $(00\overline{1})$ 面对高岭石表面性质及其表面药剂作用有着重要影响。

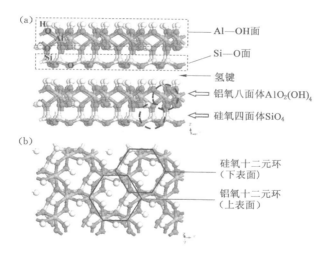

图 4-2　高岭石层状结构

3. 疏水改性剂阳离子

根据前面章节试验部分所用不同胺/铵类疏水改性剂的种类及结构，构建了 4 种不同甲基取代程度的胺/铵阳离子极性头基(后面简称甲基胺/铵阳离子)：甲基伯胺阳离子 (CH_6N^+)、甲基仲胺阳离子 $(C_2H_8N^+)$、甲基叔胺阳离子 $(C_3H_{10}N^+)$ 和甲基季铵阳离子 $(C_4H_{12}N^+)$，其稳定构型如图 4-3 所示，3 种不同十二烷基胺阳离子：十二烷基伯胺阳离子（DDA$^+$）、十二烷基仲胺阳离子（MDA$^+$）、十二烷基叔胺阳离子（DMDA$^+$），4种不同烷基链长的季铵阳离子：十二烷基季铵阳离子（1231$^+$）、十四烷基季铵阳离子（1431$^+$）、十六烷基季铵阳离子（1631$^+$）和十八烷基季铵阳离子（1831$^+$），其稳定构型如图4-4所示。

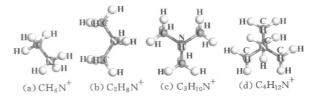

(a) CH_6N^+ (b) $C_2H_8N^+$ (c) $C_3H_{10}N^+$ (d) $C_4H_{12}N^+$

图4-3 不同甲基胺/铵阳离子平衡构型

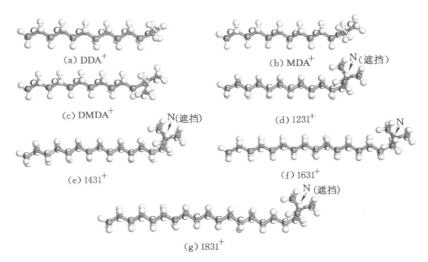

(a) DDA$^+$ (b) MDA$^+$

(c) DMDA$^+$ (d) 1231$^+$

(e) 1431$^+$ (f) 1631$^+$

(g) 1831$^+$

图4-4 不同烷基胺/铵阳离子稳定构型.（图中未标注原子均为H原子）

4.2.2 计算方法

1. 煤表面吸附

煤表面吸附的计算采用 Materials Studio 8.0 软件的 Dmol³ 模块。几何优化的交换关联函数采用 GGA-PBE 函数[140]。k 点选择 Gamma 点，能量为 1×10^{-5} Ha，能量梯度为 2×10^{-3} Ha/Bohr，使用有效核势（effective core potentials）及 DNP 基组，自洽场收敛标准设为 1.0×10^{-6} eV/atom，非限制性自旋极化，SCF 收敛控制、数字积分精度和轨道断点设置为 fine，密度多级展开采用 octupole。

2. 高岭石表面吸附

高岭石表面吸附的密度泛函计算在 Materials Studio 8.0 软件的 CASTEP (cambridge sequential total energy package) 模块[141]中进行。高岭石体相晶格几何优化的交换关联函数采用 GGA-PBE 函数,平面波截断能设为 400 eV。采用超软赝势描述价电子和离子实的相互作用[142]。采用 BFGS 算法对模型进行优化和性质计算,自洽场收敛精度设为 2.0×10^{-6} eV/atom[143]。密度泛函计算过程中的范德瓦耳斯力采用 TS 法[144,145]进行矫正。几何优化收敛标准:原子最大位移为 2×10^{-4} nm,原子间作用力为 0.05 eV/A,原子间内应力为 0.1 GPa,体系总能量变化为 2.0×10^{-5} eV/atom[146],态密度分析所用 smearing 值为 0.2 eV。所有计算均在倒易空间中进行。

超晶胞表面模型由单晶胞沿(001)面切出,(001)面采用 $2 \times 1 \times 1$ 的超晶胞模型,并在其表面添加 20 Å① 的真空层。Monkhorst-Pack 网格 k 点取样[147],体相为($2 \times 2 \times 1$),表面模型为 Gamma 点。计算中所涉及原子的赝势计算选取的价电子分别为 Si $3s^2 3p^2$,Al$3s^2 3p$,O$2s^2 2p^4$,H$1s$。由于高岭石底面平板模型沿 c 轴方向只有一层晶格结构,且只含"H—O—Al—O—Si—O"6 层原子,为使计算结果更准确,在此不对底层相应原子层进行固定。几何优化后高岭石(001)面 $2 \times 1 \times 1$ 超晶胞表面模型的原子层厚度为 5.312 3 Å。4 种不同甲基胺/铵阳离子 CH$_6$N$^+$(伯胺阳离子)、C$_2$H$_8$N$^+$(仲胺阳离子)、C$_3$H$_{10}$N$^+$(叔胺阳离子)及 C$_4$H$_{12}$N$^+$(季铵阳离子)置于 15 Å × 15 Å × 15 Å 的周期性晶胞中优化,对 Monkhorst-Pack 网格 k 点选取 Gamma 点。表面和 4 种阳离子的几何优化采用与体相相同的交换关联函数、截断能和收敛标准。

高岭石体相晶格优化后晶格参数如表 4-1 所示,并将该计算条件下晶格优化结果与其他研究者对高岭石晶胞模拟优化数据及实验测试值进行对比,通过计算发现该条件下晶格参数与对比数据中晶格参数的误差都在 2.00% 以内,这说明计算结果合理。

表 4-1　高岭石体相晶格优化结果

关联函数	晶格参数/Å			晶胞角/(°)			晶胞体积/Å³
	a	b	c	α	β	γ	
GGA/400 eV	5.196	9.007	7.372	93.029	105.983	89.866	331.221
(GGA/700 eV)[148]	5.196	9.021	7.485	91.70	104.72	89.78	339.17
实验值[149]	5.153	8.942	7.391	91.926	105.046	89.797	329.910

注:① 1 Å＝0.1 nm。

3. 吸附能计算

水及疏水改性剂离子在煤及高岭石表面的吸附稳定性可用吸附能的高低来表示,吸附能越低,吸附越稳定。其吸附能由式(4-1)计算:

$$E_{ads} = E_{total} - (E_{adsorbate} + E_{surface}) \tag{4-1}$$

式中,E_{ads} 为吸附能;$E_{adsorbate}$ 为吸附前水分子和疏水改性剂阳离子的能量;$E_{surface}$ 为吸附前矿物表面的能量;E_{total} 为水分子及疏水改性剂阳离子在表面吸附后稳定体系的总能量。

4. 前线轨道计算

采用 Dmol³ 模块的能量优化对煤、高岭石、水及药剂阳离子计算模型的前线轨道性质进行计算,k 点选择 Gamma 点。前线轨道计算参数:交换关联函数采用 GGA-PBE,使用有效核势及 DNP 基组,精度设为 fine,自洽场收敛标准设为 1.0×10^{-6} eV/atom。

4.3 前线轨道分析

计算了不同煤含氧结构单元(Ph—OH、—COOH、—C=O 及 —O—)、水分子及不同胺/铵极性头基阳离子(CH_6N^+、$C_2H_8N^+$、$C_3H_{10}N^+$ 及 $C_4H_{12}N^+$)的前线轨道能量,结果见表 4-2。

表 4-2 煤含氧结构单元、水及不同甲基胺/铵阳离子极性头基的前线轨道能量

模型	前线轨道能量/eV	
	HOMO	LUMO
Ph—OH	−5.316	−1.769
—COOH	−5.728	−3.481
—C=O	−5.318	−3.558
—O—	−5.377	−1.840
高岭石	−7.103	−2.102
H_2O	−6.745	0.984
CH_6N^+	−0.354	0.472
$C_2H_8N^+$	−0.153	0.616
$C_3H_{10}N^+$	0.021	0.698
$C_4H_{12}N^+$	0.278	0.743

前线轨道理论认为,一个反应物的最高占据轨道(HOMO)和另一个反应

物的最低空轨道(LUMO)之间的能量差值的绝对值(ΔE)越小越有利于两者间发生相互作用[150]。为进一步了解各模型的反应活性,以及水、药剂在表面间的最佳吸附位点,对水及不同胺/铵极性头基阳离子与不同的煤含氧结构单元及高岭石的前线轨道能量差进行了计算,公式如式(4-2)和式(4-3)所示,结果见表4-3所示。

$$\Delta E_1 = \left| E_{\text{HOMO}}^{\text{surface}} - E_{\text{LUMO}}^{\text{adsorbate}} \right| \tag{4.2}$$

$$\Delta E_2 = \left| E_{\text{HOMO}}^{\text{adsorbate}} - E_{\text{LUMO}}^{\text{surface}} \right| \tag{4.3}$$

式中,$\Delta E_1 = \left| E_{\text{HOMO}}^{\text{surface}} - E_{\text{LUMO}}^{\text{adsorbate}} \right|$ 和 $\Delta E_2 = \left| E_{\text{HOMO}}^{\text{adsorbate}} - E_{\text{LUMO}}^{\text{surface}} \right|$ 分别表示矿物表面的 HOMO 和 LUMO 轨道能量;$\Delta E_2 = \left| E_{\text{HOMO}}^{\text{adsorbate}} - E_{\text{LUMO}}^{\text{surface}} \right|$ 和 $\Delta E_1 = \left| E_{\text{HOMO}}^{\text{surface}} - E_{\text{LUMO}}^{\text{adsorbate}} \right|$ 分别表示水分子及各疏水改性剂阳离子的 HOMO 和 LUMO 轨道能量。

表 4-3 前线轨道能量差计算

| 模型 | 轨道能量差值/eV | | | | | | | | | |
| | H_2O | | CH_6N^+ | | $C_2H_8N^+$ | | $C_3H_{10}N^+$ | | $C_4H_{12}N^+$ | |
	ΔE_1	ΔE_2	ΔE_1	ΔE_2	ΔE_1	ΔE_2	ΔE_1	ΔE_2	ΔE_1	ΔE_2
Ph—OH	6.300	4.976	5.788	1.415	5.932	1.616	6.014	1.790	6.059	2.047
—COOH	6.712	3.264	6.200	3.127	6.344	3.328	6.426	3.502	6.471	3.759
—C=O	6.302	4.976	5.790	1.415	5.934	1.616	6.016	1.790	6.061	2.047
—O—	6.361	4.905	5.849	1.486	5.993	1.687	6.075	1.861	6.120	2.118
高岭石	8.087	4.643	7.575	1.748	7.719	1.949	7.801	2.213	7.846	2.380

从表4-3中可以看出,水及不同药剂阳离子对煤含氧结构单元的能量差 ΔE_2 都小于 ΔE_1,即根据前线轨道理论,水及疏水改性剂阳离子中的 HOMO 轨道与煤含氧结构单元及高岭石的 LUMO 轨道易发生反应。

对此,对煤结构单元和高岭石,以及水和不同胺/铵离子极性头基的前线轨道图进行了分析。图4-5和图4-6分别为不同煤结构单元和高岭石的 LUMO 轨道图。由图可知,不同煤结构单元的 LUMO 轨道主要出现在苯环上,其中在羧基和羰基煤结构单元中的氧原子上也出现 LUMO 轨道;高岭石的 LUMO 轨道出现在(001)面第一层氢原子、晶格内部氢原子以及各层氧原子上,且在氢原子上的强度最大,在各层氧原子上的强度分布均匀。由于高岭石的 LUMO 轨道在(001)面第一层氢原子上的强度最大,则根据前线轨道理论,水分子及疏水改性剂阳离子应该更容易与高岭石(001)面发生吸附,但实际吸附情况还应考虑氢键作用及其他相互作用(如静电作用)等。

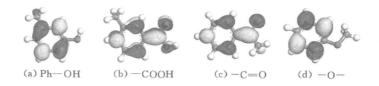

(a) Ph—OH　　(b) —COOH　　(c) —C=O　　(d) —O—

图 4-5　不同煤结构单元 LUMO 轨道图,等值面值为 0.03 electrons/Å³

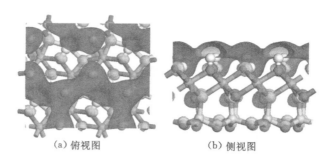

(a)俯视图　　　　　　　(b)侧视图

图 4-6　高岭石 LUMO 轨道图,等值面值为 0.02 electrons/Å³

图 4-7 为水分子及不同甲基胺/铵阳离子极性头基的 HOMO 轨道图。由图可知,水分子的 HOMO 轨道出现在氧原子上[图 4-7(a)];不同甲基胺/铵阳离子极性头基的 HOMO 轨道出现在头基氢原子(H_N)上,且在此位置的强度最大[图 4-7(b)~(d)];季铵离子的 HOMO 轨道则出现在碳原子和 3 个甲基氢原子组成的三角区域[图 4-7(e)]。

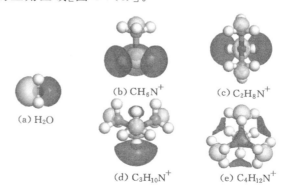

(a) H_2O

(b) CH_6N^+　　　(c) $C_2H_8N^+$

(d) $C_3H_{10}N^+$　　　(e) $C_4H_{12}N^+$

图 4-7　水分子及不同甲基胺/铵阳离子极性头基的 HOMO 轨道图,
等值面值为 0.05 electrons/Å³

4.4　水/疏水改性剂在煤表面吸附的密度泛函计算

4.4.1　水分子在煤表面吸附密度泛函计算

图 4-8 为单个水分子在不同煤含氧结构单元表面吸附的稳定构型,可发现水能与煤结构单元中的含氧官能团形成强氢键。

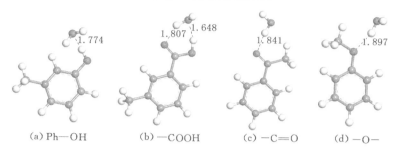

(a) Ph—OH　　　(b) —COOH　　　(c) —C=O　　　(d) —O—

图 4-8　单个水分子在不同煤含氧结构单元表面吸附的稳定构型

4.4.2　疏水改性药剂在煤表面吸附密度泛函计算

图 4-9、图 4-10、图 4-11 及图 4-12 分别为 4 种不同甲基胺/铵阳离子在不同煤含氧结构单元表面吸附的稳定构型,可发现 3 种甲基胺阳离子能与表面形成 $N—H_N\cdots O$ 强氢键,而甲基季铵阳离子则只能形成 $C—H_C\cdots O$ 弱氢键(其中 H_N 表示烷基胺中氮原子上的氢原子,H_C 表示烷基胺/铵中极性头基的甲基氢原子)。

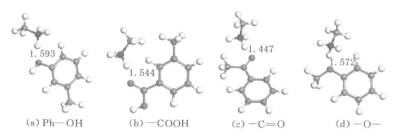

(a) Ph—OH　　　(b) —COOH　　　(c) —C=O　　　(d) —O—

图 4-9　CH_6N^+ 在不同煤含氧结构单元表面吸附的稳定构型

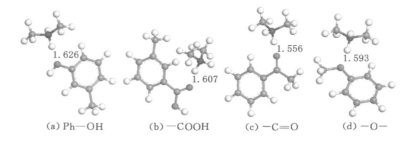

图 4-10　$C_2H_8N^+$ 在不同煤含氧结构单元表面吸附的稳定构型

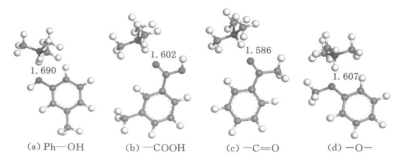

图 4-11　$C_3H_{10}N^+$ 在不同煤含氧结构单元表面吸附的稳定构型

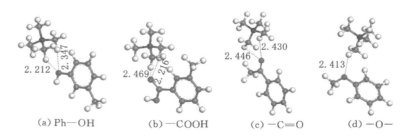

图 4-12　$C_4H_{12}N^+$ 在不同煤含氧结构单元表面吸附的稳定构型

4.4.3　煤表面吸附的吸附能计算

表 4-4 为对应于图 4-8、图 4-9、图 4-10、图 4-11 及图 4-12 各吸附稳定构型的吸附能计算,由表可知,4 种甲基胺/铵阳离子在煤结构单元上吸附能都低于水在煤结构单元上的吸附能,这说明药剂在水溶液环境中也能够稳定吸附在煤表面的含氧官能团上,这一结果与前面关于胺/铵类疏水改性剂在煤颗粒表面吸附量较小及对煤的疏水聚团效果不理想的结果不一致,其主要原因是

煤表面主要是以芳香环为主,而含氧官能团占据表面较少(相应含氧官能团与药剂间的氢键作用在药剂吸附中的贡献就少);同时水及 4 种阳离子在表面吸附稳定性大小为 $CH_6N^+ > C_2H_8N^+ > C_3H_{10}N^+ > C_4H_{12}N^+ > H_2O$。

表 4-4 水及甲基胺/铵阳离子在不同煤含氧结构单元上的吸附能计算

吸附构型	吸附能 $E/(kcal/mol)$				
	H_2O	CH_6N^+	$C_2H_8N^+$	$C_3H_{10}N^+$	$C_4H_{12}N^+$
Ph—OH	−14.05	−24.19	−22.27	−22.13	−16.78
—COOH	−18.91	−33.33	−31.88	−27.64	−23.14
—C=O	−11.88	−31.46	−28.85	−26.63	−16.43
—O—	−9.49	−27.27	−25.44	−24.59	−11.88

4.5 水/疏水改性剂在高岭石表面吸附的密度泛函计算

4.5.1 水分子在高岭石表面吸附的密度泛函计算

1. 初始吸附位置及吸附能计算

水分子在高岭石(001)面和(00$\bar{1}$)面的吸附形式有所不同:在高岭石(001)面主要是通过水中氢原子与表面氧原子形成氢键及水中氧原子与表面氢原子形成氢键发生吸附的,即吸附时存在 Top 位(顶位)、Bridge 位(桥位)及 Hollow 位(穴位);而水分子在高岭石(00$\bar{1}$)面则只能通过水中氢原子与表面氧原子形成氢键发生吸附,即只存在 Top 位和 Bridge 位。所以,根据水分子在高岭石表面的吸附形式及弛豫后高岭石(001)面及(00$\bar{1}$)面的表面构型特点,并结合其对称性,分别在高岭石(001)面建立了 3 个 T(Top)位、3 个 B(Bridge)位和 6 个 H(Hollow)位,在高岭石(00$\bar{1}$)面建立了 2 个 T 位、3 个 B 位和 2 个 H 位,结果如图 4-13 所示。

对单个水分子在高岭石(001)面和(00$\bar{1}$)面的不同初始构型进行几何优化,优化后水分子的位置变化及稳定构型的吸附能计算如表 4-5 所示。由表可知,水分子在高岭石(001)面和(00$\bar{1}$)面的不同吸附构型稳定后的位置都未发生变化;同时可以看出,水分子在高岭石(001)面的吸附能为 −72.12 ～ −19.23 kJ/mol,在高岭石(00$\bar{1}$)面的吸附能为 −19.23 ～ −5.77 kJ/mol,这说明水分子在高岭石(001)面的吸附构型比在高岭石(00$\bar{1}$)面的吸附构型更稳定,即水分子会优先与高岭石(001)面发生吸附。

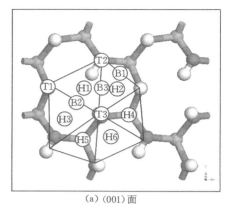
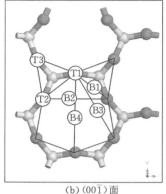

（a）（001）面   （b）（00$\overline{1}$）面

图 4-13　单个水分子在高岭石（001）面及（00$\overline{1}$）面初始位置

表 4-5　单个水分子在高岭石（001）面及（00$\overline{1}$）面不同初始位置的吸附能

吸附构型	（001）面			（00$\overline{1}$）面		
	初始位置	最终位置	吸附能 E_{ads} /（kJ/mol）	初始位置	最终位置	吸附能 E_{ads} /（kJ/mol）
H$_2$O/（001）面	T1	T1	-20.19	H1	H1	-63.46
	T2	T2	-51.92	H2	H2	-56.73
	T3	T3	-19.23	H3	H3	-70.19
	B1	B1	-58.65	H4	H4	-62.50
	B2	B2	-50.96	H5	H5	-72.12
	B3	B3	-38.46	H6	H6	-54.81
H$_2$O/（00$\overline{1}$）面	T1	T1	-11.54	B1	B1	-11.54
	T2	T2	-11.54	B2	B2	-18.27
	T3	T3	-5.77	B3	B3	-11.54
	—	—	—	B4	B4	-19.23

2. 吸附构型及键布居分析

根据表 4-5 的吸附能计算结果，分别以水分子在高岭石（00$\overline{1}$）面前三低能平衡构型和水分子在高岭石（00$\overline{1}$）面前二低能平衡构型为例，对水分子在高岭石（001）面和（00$\overline{1}$）面不同位置的吸附构型及 Mulliken 键布居进行分析。

图 4-14 为单个水分子在高岭石（001）面前三低能平衡构型，分别对应于表 4-6 中 H5、H3 和 H1 位的吸附构型。由图可知，水分子在高岭石（001）面

前三低能平衡构型中都是呈一个氢原子向下垂直吸附于高岭石(001)面,且与高岭石(001)面形成一个 $H_w \cdots O_s$ 强氢键和两个 $O_w \cdots H_s$ 强氢键。

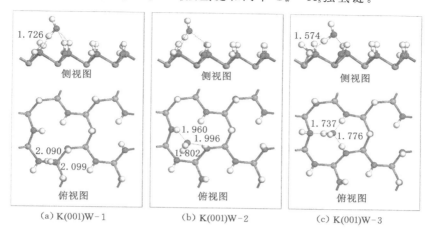

(a) K(001)W-1   (b) K(001)W-2   (c) K(001)W-3

图 4-14　单个水分子在高岭石(001)面前三低能平衡构型

表 4-6　水在高岭石(001)面及(00$\bar{1}$)面吸附的 Mulliken 键布居

吸附构型	K(001)W-1			K(00$\bar{1}$)W-1		
	键	键长/Å	键布居	键	键长/Å	键布居
H$_2$O	$H_w \cdots O_s$	1.726	0.10	$H_w \cdots O_s$	2.030; 2.440	0.03; 0.00
	$O_w \cdots H_s$	2.090; 2.099	0.03; 0.03	$O_w \cdots H_s$	—	—

图 4-15 为单个水分子在高岭石(00$\bar{1}$)面前二低能平衡构型,分别对应于表 4-6 中 B4 和 B2 位的吸附构型。由图可知,水分子在高岭石(00$\bar{1}$)面前二低能平衡构型中水分子都是呈两个氢原子向下的倒 V 形垂直吸附于高岭石(00$\bar{1}$)面的,与表面形成两个 $H_w \cdots O_s$ 强氢键。

以水分子在高岭石(001)面及(00$\bar{1}$)面最低能平衡构型 K(001)W-1 及 K(00$\bar{1}$)W-1 为例,对其 Mulliken 键布居进行分析,结果如表 4-6 所示。在 K(001)W-1 构型中,水分子中氢原子到表面氧原子的距离($H_w \cdots O_s$)为 1.726 Å,其 Mulliken 键布居值为 0.10,表明水分子中氢原子与表面氧原子作用很强;而水分子中两个氧原子到表面氢原子的距离($O_w \cdots H_s$)分别为 2.090 Å 和 2.099 Å,其 Mulliken 键布居值都为 0.03,表明水分子中氢原子与表面氧原子作用较弱。在 K(00$\bar{1}$)W-1 中,水分子中氢原子到表面氧原子的距离($H_w \cdots O_s$)

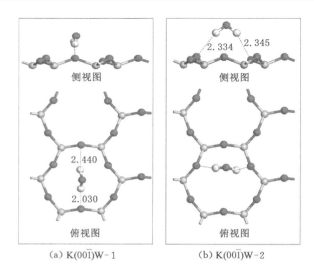

(a) K(00$\overline{1}$)W-1　　　　　(b) K(00$\overline{1}$)W-2

图 4-15　单个水分子在高岭石(00$\overline{1}$)面前二低能平衡构型

分别为 2.030 Å 和 2.440 Å,其 Mulliken 键布居值分别为 0.03 和 0.00,表明水分子中氢原子与表面氧原子作用很弱。同时,对比 K(001)W-1 及 K(00$\overline{1}$)W-1 构型中氢键的键长及 Mulliken 键布居值可以发现,水分子与高岭石(001)面间的作用明显强于水分子与高岭石(00$\overline{1}$)面的作用,这一结果与吸附能计算结果相符合。

3. 电荷分析

水分子在高岭石(001)面及(00$\overline{1}$)面的吸附机理可以通过分析 H_2O/Kaolinite 吸附体系中相邻原子间的电子转移来进行阐述。当一个水分子在高岭石表面吸附时,可以用电子差分密度 $\Delta\rho$ 来描述相邻原子间的电子重排。$\Delta\rho$ 定义为:

$$\Delta\rho = \rho_{H_2O/Kaolinite} - \rho_{H_2O} - \rho_{Kaolinite} \tag{4-4}$$

式中,$\rho_{H_2O/Kaolinite}$ 为吸附后 H_2O/Kaolinite 吸附体系的电子密度;ρ_{H_2O} 和 $\rho_{Kaolinite}$ 分别为吸附前自由水分子和高岭石片层的电子密度。

水分子在高岭石(001)面及(00$\overline{1}$)面最低能平衡构型 K(001)W-1 及 K(00$\overline{1}$)W-1 的差分电子密度图分别如图 4-16(a)和(b)所示。差分电子密度图中,相邻原子间的深灰色区域和浅灰色区域分别表示电子的聚集和电子的消耗。由图 4-15(a)可知,在 K(001)W-1 构型中,水分子中氢原子 H_w 和表面氧原子 O_s 间的电子聚集和电子消耗分别出现在 H_w 和 O_s 周围,对应于氢键 $H_w \cdots O_s$;而水分子中氧原子 O_w 和表面氢原子 H_s 间电子聚集和电子消耗则分

别出现在 H_s 和 O_w 周围,对应于氢键 $O_w\cdots H_s$。由图 4-15(b)可知,K($00\bar{1}$)W-1 构型中,水分子中氢原子 H_w 和表面氧原子 O_s 间的电子聚集和电子消耗分别出现在 H_w 和 O_s 周围,对应于氢键 $H_w\cdots O_s$。同时,构型 K(001)W-1 中 H_w 和 O_s 间的电子重排范围比构型 K($00\bar{1}$)W-1 中更大,构型 K(001)W-1 中 $H_w\cdots O_s$ 氢键作用更强,对应于 K(001)W-1 中 $H_w\cdots O_s$ 氢键长度 1.726 Å 比 K($00\bar{1}$)W-1 中 $H_w\cdots O_s$ 氢键长度 2.090 Å 和 2.099 Å 更短。

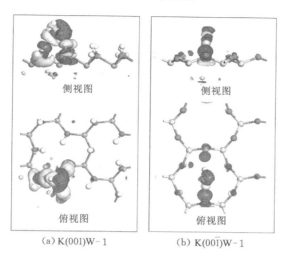

（a）K(001)W-1　　　　（b）K($00\bar{1}$)W-1

图 4-16　单个水分子在高岭石表面最佳吸附构型差分
电子密度图,等值面为 0.05 electrons/ Å³

　　水分子在高岭石(001)面及($00\bar{1}$)面最低能平衡构型 K(001)W-1 及 K($00\bar{1}$)W-1 吸附前后原子的 Mulliken 电荷布居如表 4-7 所示。构型 K(001)W-1 中,表面氧原子 O_s 的 2p 轨道失去 0.05 e 电荷,而水中氢原子 H_w 的 1s 轨道得到 0.07 e 的电荷;水中氧原子 O_w 的 2p 轨道失去 0.03 e 电荷,而两个与之形成氢键的表面氢原子 H_s 的 1s 轨道得到 0.02 e 电荷。构型 K($00\bar{1}$)W-1 中,与水中两个氢原子 H_w 形成氢键的两个表面氧原子 O_s 的 2p 轨道共失去 0.02 e 电荷,而水中两个氢原子 H_w 的 1s 轨道共得到 0.08 e 的电荷。构型 K(001)W-1 及 K($00\bar{1}$)W-1 中,电荷整体上由高岭石(001)面向水分子转移,转移电荷分别为 0.04 e 和 0.02 e,转移电荷量越大,则水与表面间的作用越强。

表 4-7　单个水分子在高岭石(001)面及(00$\overline{1}$)面吸附前后原子的 Mulliken 电荷布居

原子编号	吸附状态	Mulliken 电荷/e	
		K(001)W-1	K(00$\overline{1}$)W-1
H_w	吸附前	0.52	0.52；0.52
	吸附后	0.45	0.48；0.48
O_w	吸附前	−1.04	—
	吸附后	−1.01	—
H_s	吸附前	0.45；0.44	—
	吸附后	0.44；0.43	—
O_s	吸附前	−1.05	−1.05；−1.06
	吸附后	−1.00	−1.04；−1.05
H_2O	吸附前	0	0
	吸附后	−0.04	−0.02
高岭石表面	吸附前	0	0
	吸附后	0.04	0.02

4.5.2　疏水改性药剂在高岭石表面吸附的密度泛函计算

1. 不同甲基胺/铵阳离子在高岭石表面的吸附[151]

（1）不同初始位置吸附能计算

不同甲基取代程度的胺/铵阳离子极性头基甲基伯胺离子(CH_6N^+)、甲基仲胺离子($C_2H_8N^+$)、甲基叔胺离子($C_3H_{10}N^+$)和甲基季铵离子($C_4H_{12}N^+$)（后面简称不同甲基胺/铵阳离子）与高岭石表面的吸附，主要是甲基胺/铵阳离子中氢原子与高岭石表面氧原子形成 N—H···O 和 C—H···O 氢键，由于吸附时形成氢键数量不同，则吸附时存在 T 位、B 位及 H 位。根据几何优化后高岭石表面构型，结合其对称性，分别在高岭石(001)面和(00$\overline{1}$)面建立了 3 个 T 位、6 个 B 位和 3 个 H 位，如图 4-17 所示。并对 4 种不同甲基胺/铵阳离子在高岭石(001)面和(00$\overline{1}$)面不同初始位置的吸附构型进行几何优化，优化后的位置变化及其稳定构型的吸附能见表 4-8。

不同甲基胺/铵阳离子 CH_6N^+、$C_2H_8N^+$、$C_3H_{10}N^+$ 和 $C_4H_{12}N^+$ 在高岭石(001)面最佳吸附位点都出现在 H3 位，吸附能分别为 −125.385 kJ/mol、−126.154 kJ/mol、−128.654 kJ/mol 及 −109.711 kJ/mol；而 CH_6N^+、$C_2H_8N^+$、$C_3H_{10}N^+$ 和 $C_4H_{12}N^+$ 在高岭石(00$\overline{1}$)面最佳吸附位点都出现在 H1 位，吸附能

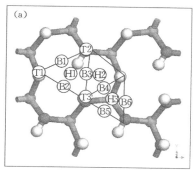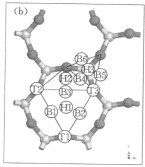

图 4-17　不同甲基胺/铵阳离子在高岭石(001)面(a)及(00$\bar{1}$)面(b)吸附的初始位置

表 4-8　不同甲基胺/铵阳离子在高岭石(001)面及(00$\bar{1}$)面

不同初始构型的位置变化及其稳定构型吸附能

吸附构型	(001) 面			(00$\bar{1}$) 面		
	初始位置	最终位置	吸附能 E_{ads} /(kJ/mol)	初始位置	最终位置	吸附能 E_{ads} /(kJ/mol)
CH_6N^+	H1	H1	−90.152	H1	H1	−140.961
	H2	H2	−109.769	H2	H2	−121.435
	H3	H3	−125.385	H3	H3	−112.473
$C_2H_8N^+$	B1	B1	−103.235	B1	B1	−125.356
	B2	B2	−105.354	B2	B2	−123.443
	B3	B3	−103.077	B3	H1	−136.154
	B4	B4	−118.734	B4	B4	−116.431
	B5	B5	−113.173	B5	B5	−113.575
	B6	H3	−126.154	B6	B6	−115.324
$C_3H_{10}N^+$	T1	T1	−98.942	T1	T1	−127.543
	T2	T2	−121.442	T2	H1	−138.558
	T3	H3	−128.654	T3	T3	−132.454
$C_4H_{13}N^+$	H1	H1	−66.058	H1	H1	−115.961
	H2	H2	−88.654	H2	H2	−93.435
	H3	H3	−109.711	H3	H3	−78.537

分别为−140.961 kJ/mol、−136.154 kJ/mol、−138.558 kJ/mol 及−115.961 kJ/mol。同时,由吸附能计算结果可知,CH_6N^+、$C_2H_8N^+$ 和 $C_3H_{10}N^+$ 3 种甲

基胺阳离子在高岭石表面的吸附能大小相差不大,但都低于季铵阳离子 $C_4H_{12}N^+$ 在高岭石表面的吸附能,表明甲基胺阳离子比甲基季铵阳离子在高岭石表面吸附构型更稳定;不同甲基胺/铵阳离子在高岭石(001)面的吸附能明显高于在高岭石 $(00\overline{1})$ 面的吸附能,表明不同甲基胺/铵阳离子在高岭石 $(00\overline{1})$ 面的吸附构型更稳定,这一结果与 Geatches 等[152]所计算的结果相一致。

(2)吸附构型及键布居分析

以不同甲基胺/铵阳离子在高岭石(001)面和 $(00\overline{1})$ 面最稳定构型为例,分析其吸附构型及 Mulliken 键布居。图 4-18 和图 4-19 分别为不同甲基胺/铵阳离子在高岭石(001)面和 $(00\overline{1})$ 面最佳吸附构型。由图可知,不同甲基胺/铵阳离子在高岭石(001)面和 $(00\overline{1})$ 面最佳吸附位点分别位于高岭石(001)面的 H3 位和 $(00\overline{1})$ 面的 H1 位,CH_6N^+、$C_2H_8N^+$ 及 $C_3H_{10}N^+$ 3 种胺阳离子分别与表面形成 1、2 和 3 条 $N—H_N\cdots O$ 强氢键,而季铵阳离子则与表面形成 3 条 $C—H_C\cdots O$ 弱氢键。

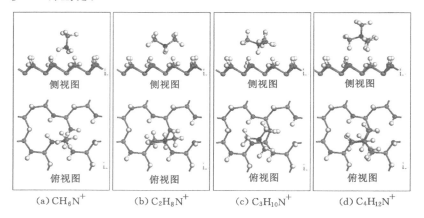

(a) CH_6N^+　　(b) $C_2H_8N^+$　　(c) $C_3H_{10}N^+$　　(d) $C_4H_{12}N^+$

图 4-18　不同甲基胺/铵阳离子在高岭石(001)面最佳吸附构型

为方便不同吸附构型中氢键的描述,对高岭石(001)面 H1 位和 $(00\overline{1})$ 面 H3 位的不同氧原子进行编号,结果如图 4-20 所示。

表 4-9 为不同甲基胺/铵阳离子在(001)面及 $(00\overline{1})$ 面吸附的 Mulliken 键布居。不同甲基胺/铵阳离子在(001)面吸附的构型中,形成氢键键长为 1.770~2.212 Å,其 Mulliken 键布居值为 0.03~0.09;不同甲基胺/铵阳离子在 $(00\overline{1})$ 面吸附的构型中,形成氢键键长为 1.775~2.481 Å,其 Mulliken 键布居值为 0.02~0.09;键长越短,Mulliken 键布居值越大,原子间作用越强;季铵阳离子与(001)面及 $(00\overline{1})$ 面形成的 $C—H\cdots O$ 弱氢键的键长明显大于 3 种

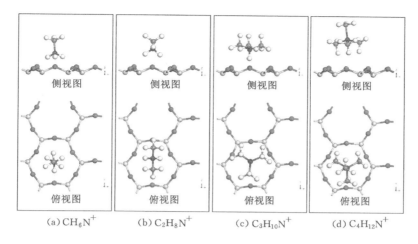

(a) CH_6N^+ (b) $C_2H_8N^+$ (c) $C_3H_{10}N^+$ (d) $C_4H_{12}N^+$

图 4-19   不同甲基胺/铵阳离子在高岭石 (00$\overline{1}$) 面最佳吸附构型

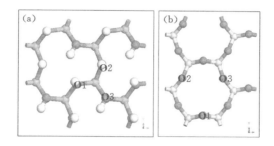

图 4-20   高岭石 (001) 面 H3 位 (a) 及 (00$\overline{1}$) 面 H1 位 (b) 氧原子编号

胺阳离子与 (001) 面及 (00$\overline{1}$) 面形成的 N—H⋯O 强氢键的键长,表明胺阳离子与高岭石表面间的作用强于季铵阳离子与高岭石表面间的作用。

表 4-9   不同甲基胺/铵阳离子在高岭石 (001) 面及 (00$\overline{1}$) 面吸附的 Mulliken 键布居

吸附构型	(001) 面			(00$\overline{1}$) 面		
	键	距离/Å	键布居	键	距离/Å	键布居
CH_6N^+	N—H1⋯O1	2.082	0.03	N—H1⋯O1	1.828	0.09
	N—H1⋯O2	1.770	0.09	N—H1⋯O2	1.775	0.09
	N—H3⋯O3	1.962	0.05	N—H3⋯O3	1.951	0.06
$C_2H_8N^+$	N—H1⋯O1	1.840	0.09	N—H2⋯O2	1.959	0.06
	N—H2⋯O2	2.200	0.03	N—H3⋯O3	2.038	0.03

表 4-9(续)

吸附构型	(001) 面			(00$\overline{1}$) 面		
	键	距离/Å	键布居	键	距离/Å	键布居
$C_3H_{10}N^+$	N—H1⋯O1	1.898	0.09	N—H1⋯O1	2.410	0.02
	C—H1⋯O1	2.212	0.03	C—H1⋯O1	2.118	0.03
$C_4H_{12}N^+$	C—H2⋯O2	2.188	0.03	C—H2⋯O2	2.214	0.03
	C—H3⋯O3	2.153	0.03	C—H3⋯O3	2.481	0.02

注:表中 O1、O2 及 O3 分别对应于图 4-19 中的相应氧原子,与之成键氢原子分别标记为 H1、H2 及 H3,下同。

（3）最佳吸附构型的差分电子密度及原子 Mulliken 电荷

图 4-21 和图 4-22 分别为不同甲基胺/铵阳离子在高岭石(001)面及(00$\overline{1}$)面最佳吸附构型的差分电子密度图,不同甲基胺/铵阳离子在高岭石(001)面及(00$\overline{1}$)面吸附前后原子的 Mulliken 电荷布居见表 4-10。

由图 4-21 和图 4-22 可知,不同甲基胺/铵阳离子在高岭石表面吸附后存在大量的电荷转移,电子都是由不同甲基胺/铵阳离子向高岭石表面发生转移。吸附构型中电子的聚集都主要分布在阳离子中氢原子周围,电子的消耗都主要分布在高岭石表面氧原子周围。同时可以看出,不同甲基胺/铵阳离子在(001)面吸附构型中相邻原子间电荷转移的范围明显小于其在(00$\overline{1}$)面吸附构型中相邻原子间的电荷转移范围,表明不同甲基胺/铵阳离子与(001)面的作用弱于与(00$\overline{1}$)面的作用,这一结果与吸附能计算结果相符。

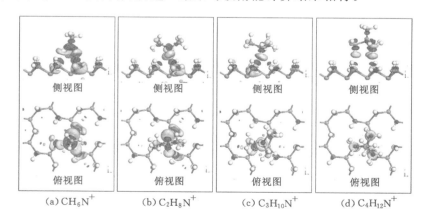

(a) CH_6N^+　　　(b) $C_2H_8N^+$　　　(c) $C_3H_{10}N^+$　　　(d) $C_4H_{12}N^+$

图 4-21　不同甲基胺/铵阳离子在高岭石(001)面最佳
吸附构型的差分电子密度图,等值面为 0.01 electrons/Å³

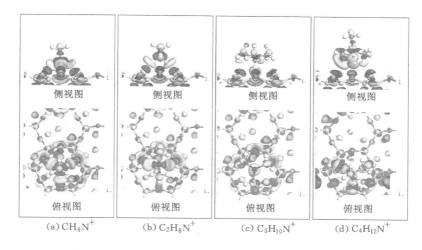

(a) CH_6N^+ (b) $C_2H_8N^+$ (c) $C_3H_{10}N^+$ (d) $C_4H_{12}N^+$

图 4-22 不同甲基胺/铵阳离子在高岭石 $(00\overline{1})$ 面最佳
吸附构型的差分电子密度图,等值面为 0.01 electrons/$Å^3$

表 4-10 不同甲基胺/铵阳离子在高岭石(001)面及$(00\overline{1})$面吸附前后原子的 Mulliken 电荷布居

原子编号	吸附状态	(001)面 Mulliken 电荷/e				$(00\overline{1})$面 Mulliken 电荷/e			
		CH_6N^+	$C_2H_8N^+$	$C_3H_{10}N^+$	$C_4H_{12}N^+$	CH_6N^+	$C_2H_8N^+$	$C_3H_{10}N^+$	$C_4H_{12}N^+$
H1	吸附前	0.28	0.28	0.28	0.28	0.28	0.28	0.28	0.28
	吸附后	0.41	0.41	0.43	0.30	0.43	0.32	0.31	0.38
H2	吸附前	0.28	0.28	—	0.28	0.28	0.28	—	0.28
	吸附后	0.40	0.42	—	0.30	0.43	0.45	—	0.33
H3	吸附前	0.28	—	—	0.28	0.28	—	—	0.28
	吸附后	0.40	—	—	0.29	0.44	—	—	0.36
O1	吸附前	−1.06	−1.06	−1.06	−1.06	−1.06	−1.06	−1.06	−1.06
	吸附后	−1.02	−1.00	−1.00	−1.01	−1.15	−1.17	−1.17	−1.19
O2	吸附前	−1.06	−1.05	—	−1.06	−1.06	−1.05	—	−1.06
	吸附后	−0.99	−1.03	—	−1.02	−1.15	−1.15	—	−1.18
O3	吸附前	−1.05	—	—	−1.05	−1.05	—	—	−1.05
	吸附后	−1.02	—	—	−1.03	−1.16	—	—	−1.25
阳离子	吸附前	0	0	0	0	0	0	0	0
	吸附后	0.51	0.53	0.54	0.45	0.75	0.74	0.73	0.70
高岭石表面	吸附前	0	0	0	0	0	0	0	0
	吸附后	−0.51	−0.53	−0.54	−0.45	−0.75	−0.74	−0.84	−0.70

由表 4-10 可知,不同甲基胺/铵阳离子在高岭石(001)面的吸附构型中,阳离子中氢原子失去 0.01～0.15 e 电荷,与之形成氢键的表面氧原子的电荷不变或失去少量电子,这说明不同甲基胺/铵阳离子在高岭石(001)面吸附后电子并没有单独转移到表面氧原子上,而是整体转移到高岭石(001)面上与阳离子相邻的所有原子上(图 4-20);不同甲基胺/铵阳离子在高岭石(00$\bar{1}$)面的吸附构型中,阳离子中氢原子失去 0.05～0.17 e 电荷,与之形成氢键的表面氧原子得到 0.10～0.20 e 电荷,这说明不同甲基胺/铵阳离子在高岭石(00$\bar{1}$)面吸附后的电子转移主要出现在阳离子中氢原子及与之形成氢键的表面氧原子之间;同时,由表中不同甲基胺/铵阳离子在高岭石(001)面及(00$\bar{1}$)面吸附前后阳离子整体失去电荷数可知,不同胺阳离子失去的电荷数相差不大,但都大于季铵阳离子失去的电荷数,且不同甲基胺/铵阳离子在高岭石(001)面吸附后失去的电荷数小于在(00$\bar{1}$)面吸附后失去的电荷数,这一结果与差分电子密度图结果相一致。

不同甲基胺/铵阳离子在高岭石表面吸附的构型及电荷分析表明,甲基胺/铵阳离子在高岭石表面的吸附机理主要是氢键作用和静电引力作用,其中静电引力作用占主导地位,这就是吸附能计算结果与前线轨道分析不一致的主要原因。首先,甲基胺/铵阳离子主要通过 H_N 原子与 O_s 原子形成氢键,高岭石(001)面的 H_s 原子对 $H_N\cdots O_s$ 氢键的形成产生一定程度的空间位阻;其次,高岭石(00$\bar{1}$)面的 O_s 原子上同样分布有一定强度的 LUMO 轨道,具有对甲基胺/铵阳离子的反应活性;最后,根据 Mulliken 电荷分析可知,高岭石(001)面和(00$\bar{1}$)面的 O_s 原子带有大量电荷,对甲基胺/铵阳离子具有较强静电引力,而高岭石(001)面 O_s 原子上因带有氢原子,导致高岭石(001)面对阳离子的静电引力弱于高岭石(00$\bar{1}$)面对阳离子的静电引力。

2. 不同十二烷基胺/铵阳离子的吸附[153]

(1) 吸附能计算

由于真实的胺/铵类疏水改性剂是由不同相应长度烷基碳链构成的,其结构会发生一定程度扭转,在高岭石表面垂直吸附时会与不同胺/铵阳离子极性头基在高岭石表面吸附有所差异。为考察真实的胺/铵类疏水改性剂阳离子在高岭石(001)面及(00$\bar{1}$)面的吸附特性,构建了十二伯胺阳离子 DDA^+、十二仲胺阳离子 MDA^+、十二叔胺阳离子 $DMDA^+$ 及十二季铵阳离子 1231^+ 4 种不同十二烷基胺/铵阳离子,并对这 4 种不同十二烷基胺/铵阳离子在高岭石(001)面和(00$\bar{1}$)面的吸附进行了密度泛函计算。根据 4 种十二烷基胺/铵阳离子在高岭石(001)面和(00$\bar{1}$)面吸附特点,并结合不同十二烷基胺/铵阳离子极性头基在高岭石（001）面和（00$\bar{1}$）面的最佳吸附位点以及高岭石（001）面和（00$\bar{1}$）面的对称性，分别在高岭石（001）面和（00$\bar{1}$）面建立了 3 个穴位，如图 4-23 所示。

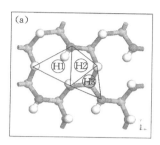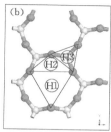

图 4-23　不同十二烷基胺/铵阳离子在高岭石（001）面（a）

及（00$\bar{1}$）面（b）不同穴位吸附的初始位置

对不同十二烷基胺/铵阳离子在高岭石（001）面和（00$\bar{1}$）面的初始吸附构型进行几何优化并计算其吸附能，优化后的位置变化及其稳定构型吸附能见表 4-11。

表 4-11　不同十二烷基胺/铵阳离子在高岭石（001）面及（00$\bar{1}$）面
不同初始构型的位置变化及其稳定构型吸附能

吸附构型	（001）面			（00$\bar{1}$）面		
	初始位置	最终位置	吸附能/（kJ/mol）	初始位置	最终位置	吸附能/（kJ/mol）
DDA$^+$	H1	H1	-98.077	H1	H1	-122.692
	H2	H2	-95.192	H2	H2	-94.038
	H3	H3	-104.808	H3	H3	-88.461
MDA$^+$	H1	H1	-67.308	H1	H1	-119.904
	H2	H2	-61.538	H2	H2	-99.712
	H3	H3	-79.808	H3	H3	-52.885
DMDA$^+$	H1	H1	-72.501	H1	H1	-118.654
	H2	H2	-68.632	H2	H2	-101.346
	H3	H3	-86.538	H3	H3	-67.308
1231$^+$	H1	H1	-96.273	H1	H1	-104.808
	H2	H2	-91.346	H2	H2	-101.923
	H3	H3	-103.846	H3	H3	-79.808

由表 4-11 可知,4 种十二烷基胺/铵阳离子在高岭石(001)面 3 个不同穴位吸附构型的稳定性为 H3＞H1＞H2,在高岭石(00$\overline{1}$)面 3 个不同穴位吸附构型的稳定性为 H1＞H2＞H3,不同十二烷基胺/铵阳离子在高岭石(001)面和(00$\overline{1}$)面的最佳吸附位点分别为 H3 和 H1;同时,由表还可以看出,当吸附位点相同时,4 种不同阳离子在高岭石(001)面的吸附稳定性大小为 DDA$^+$＞1231$^+$＞DMDA$^+$＞MDA$^+$,在高岭石(00$\overline{1}$)面的吸附稳定性大小为 DDA$^+$＞DMDA$^+$＞MDA$^+$＞1231$^+$。

(2) 吸附构型及键布居分析

以不同十二烷基胺/铵阳离子在高岭石(001)面和(00$\overline{1}$)面最佳吸附构型为例,分析其吸附构型及 Mulliken 键布居。图 4-24 和图 4-25 分别为不同十二烷基胺/铵阳离子在高岭石(001)面和(00$\overline{1}$)面最佳吸附构型,对应吸附构型的 Mulliken 键布居见表 4-12。

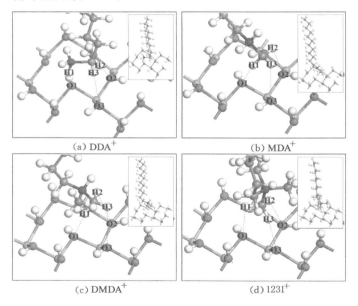

(a) DDA$^+$ (b) MDA$^+$

(c) DMDA$^+$ (d) 1231$^+$

图 4-24   不同十二烷基胺/铵阳离子在高岭石(001)面最佳吸附构型

由图可知,不同十二烷基胺/铵阳离子在高岭石(001)面和(00$\overline{1}$)面最佳吸附位点分别位于高岭石(001)面的 H3 位和(00$\overline{1}$)面的 H1 位。在高岭石(001)面吸附时,DDA$^+$与表面形成 1 条 N—H$\cdots$O 强氢键及 2 条 C—H$\cdots$O 强氢键,而其他 3 种阳离子则与表面形成 3 条 C—H$\cdots$O 弱氢键;在高岭石(00$\overline{1}$)面吸附时,DDA$^+$与表面形成 2 条 N—H$\cdots$O 强氢键及 1 条 C—H$\cdots$O 强氢键,

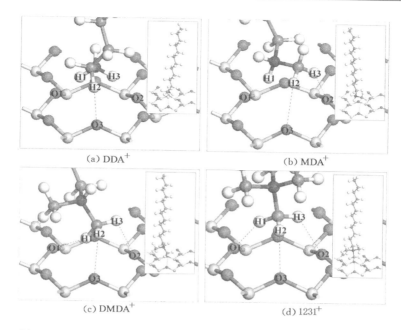

(a) DDA$^+$　　　　　　　　　　(b) MDA$^+$

(c) DMDA$^+$　　　　　　　　　(d) 1231$^+$

图 4-25　不同十二烷基胺/铵阳离子在高岭石($00\bar{1}$)面最佳吸附构型

表 4-12　不同十二烷基胺/铵阳离子在高岭石(001)面及($00\bar{1}$)面吸附的 Mulliken 键布居

吸附构型	(001)面/H3			($00\bar{1}$)面/H1		
	键	距离/Å	键布居	键	距离/Å	键布居
DDA$^+$	N—H1···O1	1.615	0.16	N—H1···O1	1.727	0.09
	C—H2···O2	2.136	0.02	N—H2···O2	2.086	0.03
	C—H3···O3	2.907	0.00	C—H3···O3	1.983	0.01
MDA$^+$	C—H1···O1	2.037	0.03	N—H1···O1	1.858	0.06
	C—H2···O2	2.581	0.00	C—H2···O2	2.444	0.00
	C—H3···O3	2.718	0.00	C—H3···O3	2.482	0.00
DMDA$^+$	C—H1···O1	2.092	0.03	C—H1···O1	2.195	0.00
	C—H2···O2	2.785	0.00	C—H2···O2	2.599	0.00
	C—H3···O3	2.878	0.00	C—H3···O3	2.432	0.00
1231$^+$	C—H1···O1	2.529	0.00	C—H1···O1	2.190	0.01
	C—H2···O2	2.452	0.01	C—H2···O2	2.640	0.00
	C—H3···O3	2.206	0.02	C—H3···O3	2.389	0.00

注:表中原子编号对应于图 4-23 及图 4-24 中原子编号。

MDA$^+$与表面形成 1 条 N—H$\cdots$O 强氢键及 2 条 C—H$\cdots$O 强氢键,而其他两种阳离子则与表面形成 3 条 C—H$\cdots$O 弱氢键。

表 4-12 为不同十二烷基胺/铵阳离子在(001)面及(00$\bar{1}$)面吸附的 Mulliken 键布居。不同十二烷基胺/铵阳离子在(001)面吸附的构型中,形成氢键键长为 1.615~2.907 Å,其 Mulliken 键布居值为 0.00~0.16;不同十二烷基胺/铵阳离子在(00$\bar{1}$)面吸附的构型中,形成氢键键长为 1.727~2.640 Å,其 Mulliken 键布居值为 0.00~0.09;键长越短,Mulliken 键布居值越大,原子间作用越强;季铵阳离子与(001)面及(00$\bar{1}$)面形成的 C—H$\cdots$O 弱氢键的键长明显大于 3 种胺阳离子与(001)面及(00$\bar{1}$)面形成的 N—H$\cdots$O 强氢键的键长,表明胺阳离子与高岭石表面间的作用强于季铵阳离子与高岭石表面间的作用;同时,不同十二烷基胺/铵阳离子与(001)面形成的 N—H$\cdots$O 强氢键及 C—H$\cdots$O 弱氢键的平均键长明显大于十二烷基胺/铵阳离子与(00$\bar{1}$)面形成的 N—H$\cdots$O 强氢键及 C—H$\cdots$O 弱氢键的平均键长,说明不同十二烷基胺/铵阳离子与(00$\bar{1}$)面的作用大于与(001)面的作用。

(3) 最佳吸附构型的差分电子密度及原子 Mulliken 电荷

图 4-26 和图 4-27 分别为不同十二烷基胺/铵阳离子在高岭石(001)面及(00$\bar{1}$)面最佳吸附构型的差分电子密度图,对应的不同十二烷基胺/铵阳离子在高岭石(001)面及(00$\bar{1}$)面吸附前后原子的 Mulliken 电荷布居见表 4-13。

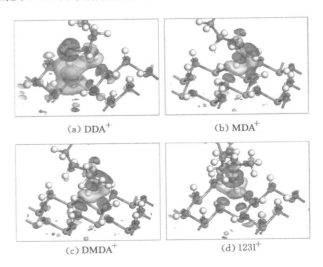

(a) DDA$^+$　　　　　　　(b) MDA$^+$

(c) DMDA$^+$　　　　　　　(d) 1231$^+$

图 4-26　不同十二烷基胺/铵阳离子在高岭石(001)面最佳吸附构型的
差分电子密度图,等值面值为 0.006 electrons/Å^3

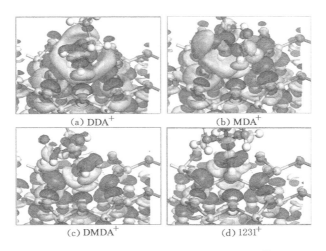

(a) DDA$^+$ (b) MDA$^+$

(c) DMDA$^+$ (d) 1231$^+$

图 4-27 不同十二烷基胺/铵阳离子在高岭石(00$\overline{1}$)面最佳
吸附构型的差分电子密度图,等值面值为 0.006 electrons/Å^3

表 4-13 不同十二烷基胺/铵阳离子在高岭石(001)面
及 (00$\overline{1}$)面吸附前后原子的 Mulliken 电荷布居

原子编号	吸附状态	(001)面 Mulliken 电荷/e				(00$\overline{1}$)面 Mulliken 电荷/e			
		DDA$^+$	MDA$^+$	DMDA$^+$	1231$^+$	DDA$^+$	MDA$^+$	DMDA$^+$	1231$^+$
H1	吸附前	0.30	0.27	0.27	0.25	0.30	0.27	0.27	0.25
	吸附后	0.39	0.27	0.28	0.27	0.43	0.45	0.29	0.29
H2	吸附前	0.30	0.28	0.25	0.27	0.30	0.28	0.25	0.27
	吸附后	0.28	0.28	0.26	0.28	0.44	0.30	0.28	0.29
H3	吸附前	0.26	0.28	0.27	0.25	0.26	0.28	0.27	0.25
	吸附后	0.29	0.28	0.27	0.27	0.30	0.31	0.30	0.29
N	吸附前	−0.93	−0.68	−0.42	−0.16	−0.93	−0.68	−0.42	−0.16
	吸附后	−0.85	−0.66	−0.40	−0.14	−0.80	−0.60	−0.39	−0.16
O1	吸附前	−1.06	−1.06	−1.06	−1.06	−1.06	−1.06	−1.06	−1.06
	吸附后	−0.98	−1.01	−1.01	−1.03	−1.13	−1.15	−1.15	−1.15
O2	吸附前	−1.06	−1.06	−1.06	−1.06	−1.06	−1.06	−1.06	−1.06
	吸附后	−1.02	−1.03	−1.04	−1.03	−1.16	−1.18	−1.18	−1.17
O3	吸附前	−1.05	−1.05	−1.05	−1.05	−1.05	−1.05	−1.05	−1.05
	吸附后	−1.04	−1.04	−1.04	−1.03	−1.16	−1.16	−1.17	−1.16

表 4-13（续）

原子编号	吸附状态	(001)面 Mulliken 电荷/e				(00$\bar{1}$)面 Mulliken 电荷/e			
		DDA$^+$	MDA$^+$	DMDA$^+$	1231$^+$	DDA$^+$	MDA$^+$	DMDA$^+$	1231$^+$
药剂 阳离子	吸附前	0	0	0	0	0	0	0	0
	吸附后	0.39	0.30	0.37	0.38	0.70	0.70	0.59	0.57
高岭石 表面	吸附前	0	0	0	0	0	0	0	0
	吸附后	−0.39	−0.30	−0.37	−0.38	−0.70	−0.70	−0.59	−0.57

由图可知，不同十二烷基胺/铵阳离子在高岭石表面吸附后存在大量的电荷转移，电子都是由不同十二烷基胺/铵阳离子向高岭石表面发生转移。吸附构型中电子的聚集都主要分布在阳离子中氢原子周围，电子的消耗都主要分布在高岭石表面氧原子周围。同时可以看出，不同十二烷基胺/铵阳离子在(001)面吸附构型中相邻原子间电荷转移的范围明显小于其在(00$\bar{1}$)面吸附构型中相邻原子间的电荷转移范围，表明不同十二烷基胺/铵阳离子与(001)面的作用弱于与(00$\bar{1}$)面的作用，这一结果与吸附能计算结果相符。

由表 4-13 可知，不同十二烷基胺/铵阳离子在高岭石(001)面的吸附构型中，阳离子中氢原子失去 0～0.09 e 电荷，与之形成氢键的表面氧原子的电荷不变或失去少量电子，这说明不同十二烷基胺/铵阳离子在高岭石(001)面吸附后电子并没有单独转移到表面氧原子上，而是整体转移到高岭石(001)面上与阳离子相邻的所有原子上（图 4-25）；不同十二烷基胺/铵阳离子在高岭石(00$\bar{1}$)面的吸附构型中，阳离子中氢原子失去 0.02～0.14 e 电荷，与之形成氢键的表面氧原子得到 0.07～0.11 e 电荷，这说明不同十二烷基胺/铵阳离子在高岭石(00$\bar{1}$)面吸附后的电子转移主要出现在阳离子中氢原子及与之形成氢键的表面氧原子之间；同时，不同十二烷基胺/铵阳离子在高岭石(001)面吸附前后阳离子整体失去电荷数大小为 DDA$^+$＞1231$^+$＞DMDA$^+$＞MDA$^+$，在高岭石(00$\bar{1}$)面吸附前后阳离子整体失去电荷数大小为 DDA$^+$＝MDA$^+$＞DMDA$^+$＞1231$^+$，且不同十二烷基胺/铵阳离子在高岭石(001)面吸附后失去的电荷数小于在(00$\bar{1}$)面吸附后失去的电荷数，这一结果与差分电子密度图结果相一致。

3. 碳链长度对季铵盐在高岭石表面吸附的影响

对 4 种不同碳链长度的季铵盐在高岭石(001)面及(00$\bar{1}$)面不同穴位（图 4-23）的吸附进行了密度泛函计算，其吸附能计算结果如图 4-28 所示。由图 4-28 可知，不同碳链长度的季铵盐在高岭石(001)面最佳吸附位点为 H3

位,在不同吸附位点吸附稳定性大小为 H3>H2>H1;不同碳链长度的季铵盐在高岭石(00$\bar{1}$)面最佳吸附位点为 H3 位,在不同吸附位点吸附稳定性大小为 H1>H2>H3;同时,不同碳链长度的季铵盐在高岭石(001)面及(00$\bar{1}$)面吸附稳定性随着季铵盐碳链长度的增加而减小。

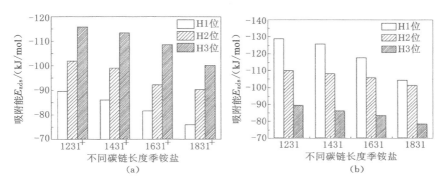

图 4-28　不同碳链长度季铵盐在高岭石(001)面(a)及(00$\bar{1}$)面(b)的吸附能

图 4-29、图 4-30、图 4-31 及图 4-32 分别为 4 种不同碳链长度的季铵盐在高岭石(001)面及(00$\bar{1}$)面的最佳吸附构型,由图可见季铵盐在高岭石(001)面及(00$\bar{1}$)面主要通过极性头基上的甲基氢原子与表面氧原子形成 3 条 C—H$_C$···O 弱氢键的形式与表面发生吸附。

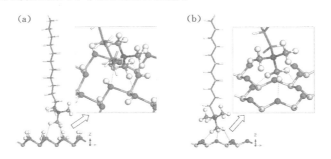

图 4-29　1231$^+$在高岭石(001)面(a)及(00$\bar{1}$)面(b)的最佳吸附构型

图 4-33 为不同碳链长度季铵盐在高岭石(001)面及(00$\bar{1}$)面最佳吸附构型中形成 C—H$_C$···O 氢键的平均键长。由图可知,随着碳链长度的增加,季铵盐在高岭石(001)面及(00$\bar{1}$)面最佳吸附构型中形成 C—H$_C$···O 氢键的平均键长逐渐增大,这说明随着碳链长度增加,季铵盐与高岭石(001)面及(00$\bar{1}$)面的作用逐渐减弱,这一结果与吸附能计算相一致。

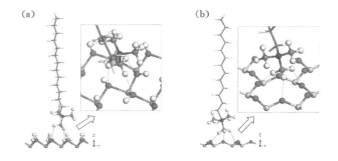

图 4-30 1431$^+$ 在高岭石(001)面(a)及(00$\overline{1}$)面(b)的最佳吸附构型

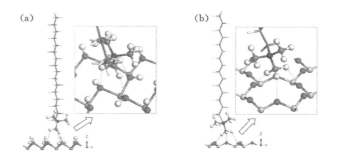

图 4-31 1631$^+$ 在高岭石(001)面(a)及(00$\overline{1}$)面(b)的最佳吸附构型

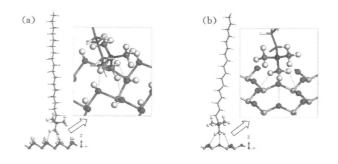

图 4-32 1831$^+$ 在高岭石(001)面(a)及(00$\overline{1}$)面(b)的最佳吸附构型

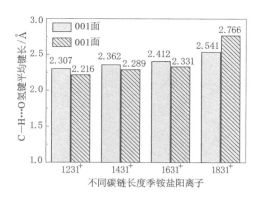

图 4-33　不同碳链长度季铵盐在高岭石（001）面及（00$\bar{1}$）面
最佳吸附构型中形成 C—H···O 氢键的平均键长

4.6　煤与高岭石间相互作用的密度泛函计算

4.6.1　吸附构型及吸附能计算

为考察高泥化煤泥水中煤与高岭石间的相互作用，对不同煤含氧结构单元在高岭石表面的吸附进行了密度泛函理论计算。首先对不同煤含氧结构单元与高岭石的前线轨道能量差进行了计算，结果见表 4-14。由表可知，$\Delta E_1 > \Delta E_2$，说明不同煤含氧结构单元的 HOMO 轨道与高岭石的 LUMO 轨道易发生作用。

表 4-14　煤含氧单元与高岭石的线轨道能量差计算

模型	前线轨道能量/eV		轨道能量差值/eV	
	HOMO	LUMO	ΔE_1	ΔE_2
Ph—OH	−5.316	−1.769	5.334	3.214
—COOH	−5.728	−3.481	3.622	3.626
—C＝O	−5.318	−3.558	3.545	3.216
—O—	−5.377	−1.840	5.263	3.275
高岭石	−7.103	−2.102	—	—

为考察煤含氧结构单元在高岭石表面的吸附情况，对 4 种不同煤含氧结构单元在高岭石（001）面及（00$\bar{1}$）面的吸附进行了密度泛函计算，优化后的稳

定构型分别如图 4-34 及图 4-35 所示。

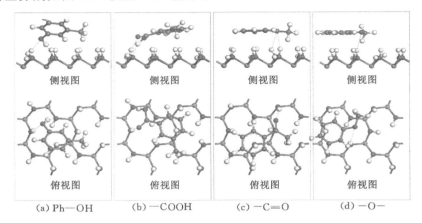

图 4-34　不同煤含氧结构单元在高岭石(001)面吸附稳定构型

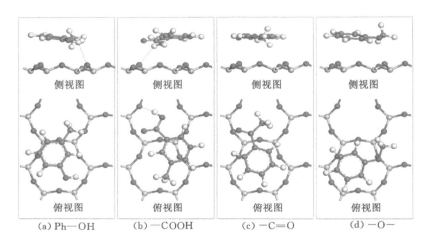

图 4-35　不同煤含氧结构单元在高岭石(00$\bar{1}$)面吸附稳定构型

　　图 4-34 为不同煤含氧结构单元在高岭石(001)面吸附稳定构型。由图可知,不同煤含氧结构单元中的含氧官能团能够与高岭石(001)面形成氢键;同时,不同煤含氧结构单元在高岭石(001)面吸附平衡后煤含氧结构单元中的苯环近似平行于表面,即煤含氧结构单元中的苯环结构与高岭石(001)面间存在相互作用。

　　图 4-35 为不同煤含氧结构单元在高岭石(00$\bar{1}$)面吸附稳定构型。由图可知,Ph—OH、—COOH、—O— 3 种煤含氧结构单元中的含氧官能团能够与高

岭石($00\overline{1}$)面形成氢键,而 —C＝O 不能与高岭石($00\overline{1}$)面形成氢键;同时,不同煤含氧结构单元在高岭石($00\overline{1}$)面吸附平衡后煤含氧结构单元中的苯环近似平行于表面,即煤含氧结构单元中的苯环结构与高岭石($00\overline{1}$)面间也存在相互作用。

根据不同煤含氧结构单元在高岭石表面吸附构型分析可知,煤含氧结构单元在高岭石表面吸附是氢键作用及苯环结构与高岭石表面间作用的综合结果。

图 4-36 为对应于图 4-34 和图 4-35 的不同煤含氧结构单元在高岭石(001)面及($00\overline{1}$)面吸附稳定构型的吸附能。由图分析可知,4 种不同煤含氧结构单元在高岭石(001)面吸附稳定性大小为—COOH＞Ph—OH＞ —C＝O ＞—O—,在高岭石($00\overline{1}$)面吸附稳定性大小为—COOH＞ —C＝O ＞—O—＞Ph—OH;同时可以看出,4 种不同煤含氧结构单元在高岭石(001)面吸附稳定性明显高于在高岭石($00\overline{1}$)面吸附稳定性,这一结果与前线轨道计算结果相一致。

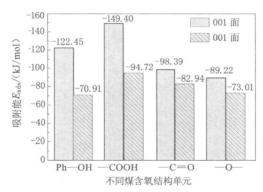

图 4-36　不同煤含氧结构单元在高岭石(001)及($00\overline{1}$)面吸附稳定构型的吸附能

4.6.2　电荷分析

以烟煤中含量最多的酚羟基单元为例,对 Ph—OH 单元在高岭石(001)面及($00\overline{1}$)面吸附稳定构型进行 Mulliken 电荷分析,考察 Ph—OH 单元在高岭石(001)面及($00\overline{1}$)面吸附后体系中的电子转移情况。

图 4-37 为 Ph—OH 单元在高岭石表面吸附稳定构型差分电子密度图。由图可知,Ph—OH 单元在高岭石表面吸附后体系中出现了电子转移,电子整体由高岭石表面向 Ph—OH 单元转移;除了 Ph—OH 单元中与表面形成氢键的含氧官能团原子周围出现电子聚集外,在 Ph—OH 单元中的苯环及甲基周

围都存在电子聚集,这说明 Ph—OH 单元中的苯环及甲基与高岭石表面也存在相互作用;同时可以看出,Ph—OH 单元在高岭石(001)面吸附后体系中相邻原子间电荷转移范围明显大于 Ph—OH 单元在高岭石(00$\bar{1}$)面吸附后体系中相邻原子间电荷转移范围,这说明 Ph—OH 单元更容易在高岭石(001)面发生吸附,这一结果与前线轨道计算相符合。

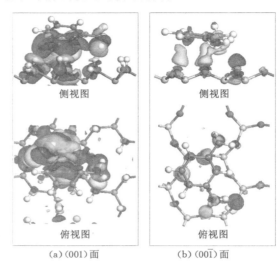

侧视图   侧视图

俯视图   俯视图

(a)(001)面   (b)(00$\bar{1}$)面

图 4-37　Ph—OH 单元在高岭石表面吸附稳定构型差分
电子密度图,等值面为 0.003 electrons/Å^3

与图 4-37 相对应的 Ph—OH 单元在高岭石(001)面及(00$\bar{1}$)面吸附前后原子的 Mulliken 电荷布居见表 4-15。由表可知,Ph—OH 单元在高岭石(001)面及(00$\bar{1}$)面吸附后分别得到 0.12 e 电荷和 0.04 e 电荷,高岭石(001)面及(V)面分别失去 0.12 e 电荷和 0.04 e 电荷。

表 4-15　Ph—OH 单元在高岭石(001)面及(00$\bar{1}$)面吸附前后原子的 Mulliken 电荷布居

吸附构型	吸附状态	Mulliken 电荷/e	
		(001)面	(00$\bar{1}$)面
Ph—OH	吸附前	0	0
	吸附后	−0.12	−0.04
高岭石表面	吸附前	0	0
	吸附后	0.12	0.04

4.7　本章小结

（1）前线轨道分析结果表明，水及疏水改性剂阳离子的 HOMO 轨道与煤含氧结构单元及高岭石的 LUMO 轨道易发生反应。不同煤结构单元的 LUMO 轨道主要出现在苯环上，其中在羧基和羰基煤结构单元中的氧原子上也出现 LUMO 轨道；高岭石的 LUMO 轨道出现在（001）面第一层氢原子以及第二层的氧原子上，且在氢原子上的强度最大。水分子的 HOMO 轨道出现在氧原子上；不同胺离子极性头基的 HOMO 轨道出现在头基氢原子（与氮原子相连的氢原子）上，且在此位置的强度最大；季铵离子的 HOMO 轨道则出现在碳原子和三个甲基氢原子组成的三角区域。

（2）单个水分子主要通过与含氧官能团形成强氢键的形式与不同煤含氧结构发生吸附，吸附能大小为：—COOH＞—C＝O＞Ph—OH＞—O—；不同甲基胺/铵阳离子头基主要通过与含氧官能团形成 N—H⋯O 或 C—H⋯O 氢键的形式与不同煤含氧结构发生吸附，吸附能大小为：—C＝O＞—COOH＞—O—＞Ph—OH；同时，水及不同甲基胺/铵阳离子头基在煤含氧结构表面吸附稳定性大小为：$CH_6N^+＞C_2H_8N^+＞C_3H_{10}N^+＞C_4H_{12}N^+＞H_2O$。

（3）水分子主要通过氢键吸附在高岭石（001）面和（00$\overline{1}$）面，单个水分子在高岭石（001）面不同初始位置的吸附能为 $-72.12\sim-19.23$ kJ/mol，小于在高岭石（00$\overline{1}$）面不同初始位置的吸附能 $-19.23\sim-5.77$ kJ/mol，单个水分子在高岭石（001）面和（00$\overline{1}$）面最佳吸附位点分别为 H5 和 B4 位；根据 Mulliken 键布居分析结果，单个水分子在高岭石（001）面和（00$\overline{1}$）面最佳吸附构型中形成氢键的键长分别为 $1.726\sim2.099$ Å 和 $2.030\sim2.440$ Å，键布居分别为 $0.03\sim0.10$ 和 $0.00\sim0.03$；电荷分析结果表明，水分子在高岭石（001）面和（00$\overline{1}$）面吸附平衡后，分别有 0.04 e 和 0.02 e 电子从表面转移到水分子上；吸附能计算、Mulliken 键布居和电荷分析结果表明，水分子更容易吸附在高岭石（001）面。

（4）不同甲基胺/铵阳离子 CH_6N^+、$C_2H_8N^+$、$C_3H_{10}N^+$ 和 $C_4H_{12}N^+$ 在高岭石（001）面最佳吸附位点都出现在 H3 位，吸附能分别为 -125.385 kJ/mol、-126.154 kJ/mol、-128.654 kJ/mol 及 -109.711 kJ/mol，在高岭石（00$\overline{1}$）面最佳吸附位点都出现在 H1 位，吸附能分别为 -140.961 kJ/mol、-136.154 kJ/mol、-138.558 kJ/mol 及 -115.961 kJ/mol；根据 Mulliken 键布居分析结果，3 种胺阳离子分别与表面形成 1、2 和 3 条 N—H_N⋯O 强氢键，而季铵阳离子则与表面形成 3 条 C—H_C⋯O 弱氢键；电荷分析结果表明，CH_6N^+、$C_2H_8N^+$、

$C_3H_{10}N^+$ 和 $C_4H_{12}N^+$ 在高岭石(001)面和(00$\bar{1}$)面吸附平衡后,分别有 $0.45\sim$ 0.54 e 和 $0.70\sim0.84$ e 电子从阳离子转移到高岭石表面;吸附能计算、Mulliken 键布居和电荷分析结果表明,不同甲基胺/铵阳离子更容易吸附在高岭石(00$\bar{1}$)面,这一点与前线轨道计算结果相悖,其主要原因是不同甲基胺/铵阳离子在高岭石表面的吸附机理主要是氢键作用和静电引力作用,其中静电引力作用占主导地位。

(5) 不同十二烷基胺/铵阳离子在高岭石(001)面 3 个不同穴位吸附构型的稳定性为 H3>H1>H2,在高岭石(00$\bar{1}$)面 3 个不同穴位吸附构型的稳定性为 H1>H2>H3,即十二烷基胺/铵在高岭石(001)面和(00$\bar{1}$)面的最佳吸附位点分别为 H3 和 H1;不同碳链长度的季铵盐在高岭石(001)面及(00$\bar{1}$)面吸附稳定性随着季铵盐碳链长度的增加而减小。

(6) 前线轨道计算表明,不同煤含氧结构单元的 HOMO 轨道与高岭石的 LUMO 轨道易发生作用;不同煤含氧结构单元主要通过含氧官能团与表面形成氢键的形式吸附在高岭石表面,4 种不同煤含氧单元在高岭石(001)面吸附稳定性大小为—COOH>Ph—OH> —C=O >—O—,在高岭石(00$\bar{1}$)面吸附稳定性大小为—COOH> —C=O >—O—>Ph—OH;电荷分析结果表明,Ph—OH 单元在高岭石(001)及(00$\bar{1}$)面吸附平衡后,分别有 0.12 e 和 0.04 e 电子从高岭石表面转移到 Ph—OH 单元;吸附能计算结果表明,不同煤含氧结构单元在高岭石(001)面吸附稳定性明显高于在高岭石(00$\bar{1}$)面吸附稳定性,即煤含氧结构单元更容易吸附在高岭石(001)面。煤与高岭石颗粒间存在相互作用,说明煤泥水中微细煤与高岭石颗粒会发生凝聚,有助于煤颗粒的沉降。

5　水/疏水改性剂在煤与高岭石表面吸附的分子动力学研究

5.1　引言

　　上一章对水分子和药剂阳离子在高岭石表面吸附的密度泛函计算进行了研究,主要通过对前线轨道、吸附能、吸附构型、Mulliken 键布居、电子差分密度及 Mulliken 电荷布居等分析探究了水分子及药剂阳离子在高岭石表面的吸附机理。但由于水分子、药剂离子数目及高岭石表面模型大小的限制,通过量子化学计算无法模拟矿物-水及矿物-药剂界面的真实吸附情况。为了研究真实矿物-水及矿物-药剂界面的统计性质如浓度分布、径向分布函数和扩散系数等,采用经典分子动力学(MD,molecular dynamics)方法对水分子和药剂阳离子在高岭石表面吸附进行模拟计算。

5.2　计算模型与方法

5.2.1　计算模型

　　1. 烟煤-水界面及烟煤-水-药剂界面吸附模型构建方法

　　(1) 烟煤-水界面模型构建

　　根据第 2 章对试验所制备煤样品颗粒的 FTIR 和 XPS 分析结果,并结合经典烟煤大分子结构[154,155],构建了符合模拟要求的淮南烟煤(1/3 焦煤)模型大分子,如图 5-1 所示(其分子式为 $C_{203}H_{183}N_3O_{18}S$)。烟煤模型大分子中各元素组成如表 5-1 所示,由表可知,烟煤模型的元素组成与试验所用氧化精煤样品的元素组成接近(表 2-7);大分子中含氧官能团比例:羟基：羧基：醚键：羰基＝9：3：2：1,这与氧化精煤表面的 FTIR 及 XPS 分析结果相一致。

表 5-1　烟煤模型大分子中各元素组成

元素	C/%	H/%	N/%	O/%	S/%
模型分子	83.45	6.27	1.43	7.40	1.45

由表 5-1 及图 5-1 结果分析可知,所构建的烟煤模型大分子的结构与试验所用淮南烟煤样品相一致,说明模型构建较为合理,满足烟煤界面吸附的分子动力学模拟的要求。

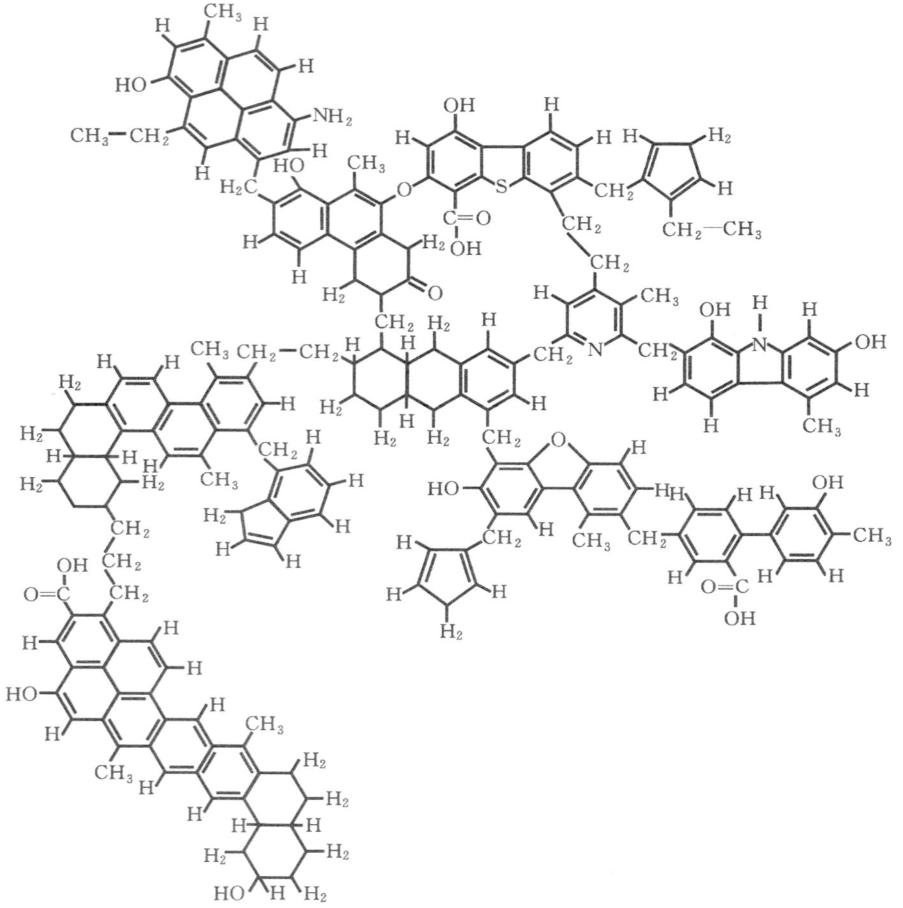

图 5-1　烟煤模型大分子结构式(分子式为 $C_{203}H_{183}N_3O_{18}S$)

采用 Dmol³ 模块对烟煤大分子模型进行结构优化,k 点选择 Gamma 点。前线轨道计算参数:交换关联函数采用 GGA-PW91,使用有效核势及 DNP 基组,精度设为 fine,自洽场收敛标准设为 $1.0×10^{-6}$ eV/atom。对优化后的烟煤模型进行能量优化计算其电荷布居性质,并对烟煤模型中各原子进行手动分配电荷。

采用 AC(amorphous cell)模块对分配电荷后的烟煤分子按密度为 1.25 g/cm³

向 $a \times b = 45 \text{ Å} \times 45 \text{ Å}$ 的盒子进行填充,再加 80 Å 真空层以防止相邻层面相互作用,得到烟煤初始表面模型,并对其进行几何优化。采用 AC 模块分别构建含有水分子数为 200、400、800 和 1 600 的水分子层,并用 MS 软件中 Build Layer 工具将各水层分别添加到烟煤超晶胞表面上,构建出烟煤-水界面结构模型,如图 5-2 所示。

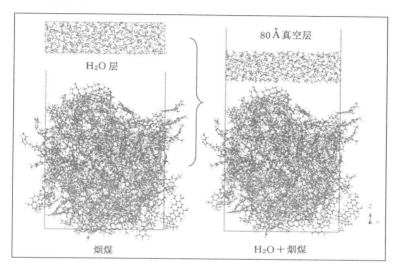

图 5-2 烟煤-水界面模型的构建方法

（2）烟煤-水-药剂界面模型构建

采用前面已优化的烟煤表面模型,在表面手动添加 36 个疏水改性剂阳离子,并用 Cl⁻ 进行电荷平衡。为保证药剂分子能有足够空间向固-液界面聚集及防止自动向气-液界面迁移,在烟煤表面模型上添加疏水改性剂阳离子后,再用 AC 模块向表面添加分子数为 2 000 的水分子层,最后在水分子层上添加 80 Å 真空层防止镜像层面间相互作用对界面吸附产生干扰影响,构建出烟煤-水-药剂界面结构模型如图 5-3 所示（以 DDA⁺ 在烟煤表面吸附初始构型建立为例）。

2. 高岭石-水界面及高岭石-水-药剂界面模型构建方法

（1）高岭石-水界面模型构建

初始模型采用第 4 章密度泛函方法几何优化后的高岭石体相晶胞结构。首先将体相晶胞扩大为（4×2×1）的超晶胞,再分别切（001）面及（00$\bar{1}$）面,最后加上 80 Å 真空层以防止相邻层面相互作用,并分别对高岭石（001）及（00$\bar{1}$）超晶胞表面进行几何优化。根据所采用（4×2×1）的超晶胞表面模型中含有 48 个表面氧原子 O_s,定义水分子在表面的单层覆盖率（ML,monolayer）,即 1

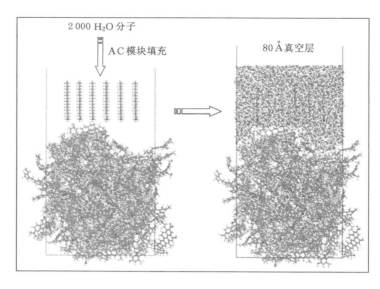

图 5-3　疏水改性剂在烟煤-水-药剂界面处初始构型的构建方法

ML 覆盖率时表面水分子数等于表面 O_s 原子数。采用 AC(amorphous cell)模块分别构建 2/3、4/3、6/3 和 8/3 ML(分别含有水分子数为 32、64、96 和 128)的水分子层,并用 MS 软件中 Build Layer 工具将各水层分别添加到几何优化后的高岭石(001)及(00$\overline{1}$)超晶胞表面上,构建出高岭石-水界面结构模型,如图 5-4 所示(以 8/3 ML 水层在高岭石表面吸附初始构型建立为例)。

(2)高岭石-水-药剂界面模型构建

采用 PCFF_interface 力场提供的高岭石体相晶胞构建(5×3×2)周期性重复超晶胞表面模型,再分别切(001)及(00$\overline{1}$)表面。为保证药剂分子能有足够空间向固-液界面聚集及防止自动向气-液界面迁移,在高岭石表面模型上添加疏水改性剂阳离子后再用 AC 模块向表面添加 50 Å 厚度的水分子层(约为 1 000 个水分子),最后在水分子层上添加 80 Å 真空层防止镜像层面间相互作用对界面吸附产生干扰影响,构建出高岭石-水-药剂界面结构模型,如图 5-5 所示[以 DDA$^+$ 在高岭石(001)面吸附初始构型建立为例]。根据试验所用烷基胺/铵类疏水改性剂极性头基直径相当于高岭石(001)面及(00$\overline{1}$)面的一个氧六元环,且根据前面密度泛函计算结果,烷基胺/铵类疏水改性剂在高岭石(001)面及(00$\overline{1}$)面最佳吸附位分别为(001)面 3 个氧六元环交叉位置以及(00$\overline{1}$)面氧六元环的正上方,所以定义疏水改性剂的单层吸附覆盖率(ML),即 1 ML 覆盖率时疏水改性剂阳离子数等于高岭石表面氧六元环数[模拟所采用高岭石(5×3×2)超晶胞表面含有 30 个氧六元环]。

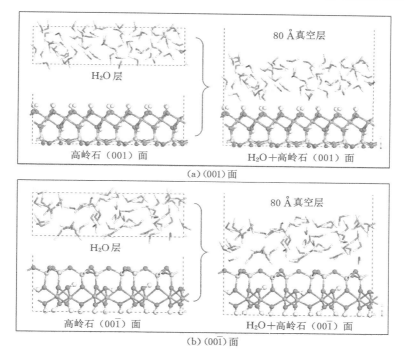

图 5-4 高岭石-水界面模型的构建方法

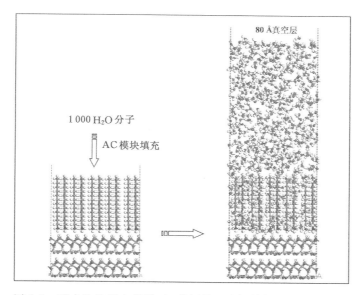

图 5-5 疏水改性剂在烟煤-水-药剂界面处初始构型的构建方法

3. 高岭石-水-烟煤分子界面模型构建方法

高岭石-水-烟煤大分子界面模型构建方法与高岭石-水-药剂界面模型构建方法类似,采用 PCFF_interface 力场提供的高岭石体相晶胞构建(10×6×2)周期性重复超晶胞表面模型,再分别切(001)及(00$\bar{1}$)表面。在(001)及(00$\bar{1}$)表面手动放置一个烟煤大分子,随后再用 AC 模块向表面添加 50 Å 厚度的水分子层(约为 4 000 个水分子)保证烟煤大分子能有足够空间向固-液界面聚集及防止自动向气-液界面迁移,最后在水分子层上添加 80 Å 真空层防止镜像层面间相互作用对界面吸附产生干扰影响。

5.2.2 计算方法

采用 Material Studio 8.0 软件的 Forcite 模块对煤及高岭石表面吸附的分子动力学(MD)进行模拟。

水在煤及高岭石表面吸附的 MD 模拟选用 ClayFF 力场[156],采用柔性的 SPC 水分子模型[157]。在三维周期性边界条件下运用 NVT 系综,采用 Nose 函数进行温度控制,时间步长为 0.5 fs,长程静电作用和范德瓦耳斯作用的加和计算分别采用 Ewald 和 Atom based 方法,截断半径采用 8.5 Å。具体模拟分三步进行:① 采用共轭梯度法对吸附体系进行几何优化,以减少分子间不合理的接触;② 对体系进行平衡 300 ps,监测体系中能量和温度随时间的收敛曲线,以确保体系达到平衡状态;③ 对平衡后的吸附体系继续进行 100 ps 的结果输出计算,每 100 fs 采集一次数据,用于性质的计算。

疏水改性剂在煤及高岭石表面以及烟煤大分子在高岭石表面吸附的 MD 模拟采用 PCFF_interface 力场[158],采用柔性的 SPC 水分子模型。疏水改性剂阳离子采用 GGA-PW91 泛函进行几何优化,再对优化后的药剂阳离子进行能量优化计算布居电荷性质,最后赋予疏水改性剂阳离子中每个原子 Mulliken 电荷。在三维周期性边界条件下运用 NVT 系综,选择 Nose 函数进行温度控制,长程静电作用和范德瓦耳斯作用的加和计算分别采用 Ewald 和 Atom based 方法,截断半径采用 15.5 Å。具体模拟分三步进行:① 采用共轭梯度法对吸附体系进行几何优化,以减少分子间不合理的接触;② 对体系进行平衡 600 ps,时间步长为 1 fs,监测体系中能量和温度随时间的收敛曲线,以确保体系达到平衡状态;③ 对平衡后的吸附体系继续进行 200 ps 的结果输出计算,时间步长为 0.5 fs,每 100 fs 采集一次数据,用于性质的计算。

5.2.3　模拟结果的分析方法

1. 表面吸附的空间平衡构型

表面吸附的空间平衡构型是水或药剂分子在表面吸附后最直观的体现。通过分析界面处水或药剂分子的空间平衡构型,可以了解其在界面处吸附的微观特性。

2. 界面处原子的浓度分布曲线

要了解界面水结构就需要知道水-表面和水-水间的相互作用程度,分析界面处原子浓度分布可以获得重要的结构相关信息。浓度分布曲线(concentration profile)表示为在表面法线方向上一定厚度区间中目标粒子 A 的密度与其在体系中总密度的比值。

$$\rho_r = \frac{\rho_i}{\rho_{\text{total}}} \quad i = (1,2,3,\cdots,n) \tag{5-1}$$

式中,ρ_r 为距离表面 r 处的粒子 A 的相对密度;ρ_i 为距离表面 r 处厚度区间的粒子 A 的密度;i 为厚度区间的分割数;ρ_{total} 为系统中粒子 A 的总密度。

3. 原子间径向分布函数

径向分布函数(RDF, radial distribution function)可以用来研究流体中液体分子或气体分子的聚集特性,例如界面水分子的有序度。它是指参考粒子 A 周围 $r \sim r+dr$ 范围内粒子 B 的空间分布概率。其表达式 $g(r)$ 为:

$$g(r) = \frac{dN}{\rho 4\pi r^2 dr} \tag{5-2}$$

式中,dN 为粒子 A 周围 $r \sim r+dr$ 范围内粒子 B 的数量;ρ 为系统中粒子 B 的密度。所以 $g(r)$ 可以理解为系统中粒子 B 的区域密度和平均密度之比。粒子 B 离参考粒子 A 越远,区域密度越接近于平均密度,则 $g(r)$ 越逼近于 1。

4. 自扩散系数

均方根位移(MSD, mean squared displacement)是一个时间相关的统计性质,用于描述体系中目标粒子在某一时刻的空间位置相对于初始位置的偏离程度。其表达式为:

$$\text{MSD} = \frac{1}{N}\sum_{i=1}^{N}\langle |r_i(t) - r_i(0)|^2 \rangle \tag{5-3}$$

式中,N 为体系中目标粒子总数;$r_i(t)$ 为第 i 个粒子在 t 时刻的质心位置;$r_i(0)$ 为第 i 个粒子初始时刻的质心位置。

自扩散系数 D 遵循爱因斯坦关系,可通过对 MSD 曲线进行线性拟合计算得出,即

$$D=\frac{1}{6}\lim_{t\to\infty}\frac{\mathrm{d}}{\mathrm{d}t}(\mathrm{MSD}) \tag{5-4}$$

5. 疏水改性剂碳链骨架二面角扭曲分布

疏水改性剂在煤及高岭石表面吸附时,其烷基链中的碳链骨架会出现扭曲现象,通过计算碳链骨架二面角扭曲分布,根据二面角分布范围和相对浓度可以了解疏水改性剂在吸附后其烷基碳链的扭转程度。二面角分布范围越广、相对浓度越大,说明药剂碳链结构的扭曲程度越强。

5.3 水/疏水改性剂在煤表面吸附的分子动力学计算

5.3.1 水分子在煤表面吸附的分子动力学计算

1. 界面水的空间平衡构型

图 5-6 为水分子分别为 200、400、800 及 1 600 的水层在烟煤表面吸附的空间平衡构型。当水层分子数为 200 和 400 时,由于水分子无法完全覆盖烟煤表面,水分子在烟煤表面吸附时遵循能量最低原则优先在煤表面 z 轴法线方向低的位置吸附;当水层分子数≥800 时,水分子完全覆盖烟煤表面,并开始形成水层结构。

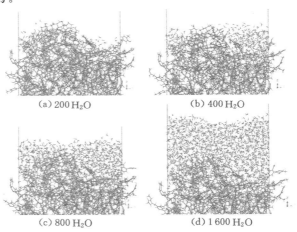

(a) 200 H_2O　　　　　　　　(b) 400 H_2O

(c) 800 H_2O　　　　　　　　(d) 1 600 H_2O

图 5-6　水分子在烟煤表面吸附的空间平衡构型

2. 界面处原子浓度分布曲线

图 5-7 为不同水分子数的水层覆盖下烟煤表面法线方向 O_w 原子的浓度

分布曲线。从图中可以看出，当水层分子数≤800时，O_w原子浓度分布曲线都有一个较为显著的浓度峰，且随着水层分子数的增加，浓度峰的相对浓度逐渐减弱，且逐渐向z正方向偏移，说明烟煤表面对水的作用力逐渐减弱，同时水分子对烟煤表面的距离随着水分子数的增加逐渐增大；当水层分子数为1 600时，O_w原子浓度分布曲线没有明显的浓度峰，相对浓度达到最低值，说明此时烟煤表面对水分子的作用力达最低值，表面水分结构分布接近体相水。

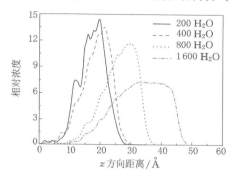

图 5-7　烟煤表面法线方向 O_w 原子的浓度分布曲线

3. 原子间径向分布函数

图 5-8 为水中 O_w—O_w 与 O_w—H_w 原子间的径向分布函数。通过分析此图可以了解水—水间的有序度及烟煤表面对界面水结构的影响规律。O_w—O_w原子间径向分布函数的峰宽和峰强分别表示水分子间的相对位置和有序度，由图 5-8(a)可知，随着水层分子数的增加，O_w—O_w原子间径向分布函数的峰位置没有变化，但峰强不断减小，说明界面水和体相水的结构相似，但界面水分子间排列的有序度随着水层分子数的增加不断减小。O_w—H_w原子间径向分布函数第一个峰的峰宽和峰强分别表示 O_w—H_w原子间形成氢键的长度和有序度，由图 5-8(b)可知，O_w—H_w原子间形成氢键的长度为 1.98 Å；随着水层分子数的增加，第一个峰的峰强不断减小，说明 O_w—H_w原子间排列的有序度随着水层分子数的增加不断减小。

水层分子数增加导致水层增多，使得烟煤表面与水分子间的界面效应减弱，进而烟煤表面对距离表面较远的水分子有序度的影响减小，即距离表面越远，界面水分子间的有序度越低。

图 5-9 为烟煤表面 O_s—H_w 及 H_s—O_w 原子间的径向分布函数。O_s—H_w及 H_s—O_w原子间的第一个峰的峰宽和峰强分别对应于水分子与烟煤表面形成的氢键长度及有序度，因此分析该图可以了解与烟煤表面形成氢键的水分

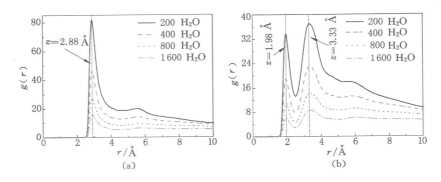

图 5-8   水中 O_w—O_w（a）与 O_w—H_w（b）原子间的径向分布函数

子的有序度。由图可知，水分子与烟煤表面形成的氢键 $O_s\cdots H_w$ 及 $H_s\cdots O_w$ 的键长分别为 1.98 Å 和 1.88 Å；随着水层分子数的增加，第一个峰的峰强不断减小，表明界面处水分子的有序度和氢键不断减弱，界面水结构不断趋于稳定。

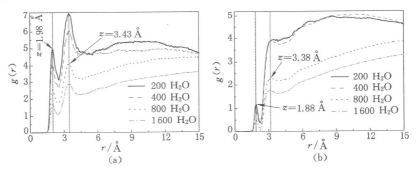

图 5-9   烟煤表面 O_s—H_w（a）与 H_s—O_w（b）原子间的径向分布函数

4. 界面处水分子的扩散系数

图 5-10 为烟煤表面 H_2O 的均方根位移及其线性拟合，根据式（5-4）计算烟煤表面 H_2O 的扩散系数见表 5-2。水分子数从 200 增大到 800，H_2O 的均方根位移逐渐增大，扩散系数从 4.10×10^{-9} 增大到 7.90×10^{-9}；当水分子数继续增大到 1 600 时，H_2O 的均方根位移反而减小，扩散系数从 7.90×10^{-9} 减小到 4.30×10^{-9}。这是因为，当水分子数≤800 时，表面对水分子的作用相对于水分子间的相互作用较强，随着水分子的增加，表面对水分子的作用减弱，水分子间的相互作用增强，进而使得水分子的扩散系数增大；当水分子数增加至 1 600 时，表面对水分子的作用减弱至一个极低值，而水分子间的相互

作用增大至一个极高值,反而使得水分子的扩散系数有所减小。

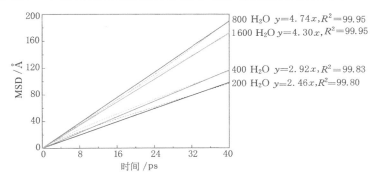

图 5-10　烟煤表面 H_2O 的均方根位移及其线性拟合

表 5-2　烟煤表面 H_2O 的扩散系数

H_2O 分子数	200	400	800	1 600
扩散系数/(m^2/s)	4.10×10^{-9}	4.87×10^{-9}	7.90×10^{-9}	4.30×10^{-9}

5.3.2　疏水改性药剂在煤表面吸附的分子动力学计算

1. 界面处疏水改性剂的空间平衡结构

图 5-11(a)和(b)分别为十二烷基伯胺阳离子 DDA^+ 和十八烷基三甲基季铵阳离子 1831^+ 在烟煤表面吸附的空间平衡构型。由图可知,DDA^+ 和 1831^+ 在烟煤表面吸附后碳链发生扭转,不再表现出开始时的直链结构;吸附时,大部分 DDA^+ 和 1831^+ 朝向发生偏转,极性头基朝向溶液;DDA^+ 在烟煤表面分布较为均匀,1831^+ 则在界面处出现较强的自聚团现象,这说明 DDA^+ 对烟煤表面的疏水化效果优于 1831^+ 对烟煤表面的疏水化效果。总体来说,疏水改性剂在烟煤表面吸附效果不理想,这与煤含氧单元结构表面疏水改性剂吸附的密度泛函计算结果相符。

2. 界面处原子浓度分布曲线

通过对界面处不同原子的浓度分布曲线进行分析,可以了解疏水改性剂吸附后体系中水分子和药剂阳离子的空间位置。图 5-12 为十二烷基伯胺阳离子 DDA^+ 和十八烷基三甲基季铵阳离子 1831^+ 吸附后体系中 O_w 原子的浓度分布曲线。O_w 原子的空间位置可以用来表示水分子的空间位置。由图可知,DDA^+ 吸附后体系中 O_w 原子主要集中在表面法线方向 $z=30\sim45$ Å 处,相对浓度约为 6.5;而 1831^+ 吸附后体系中 O_w 原子则集中在表面法线方向 z

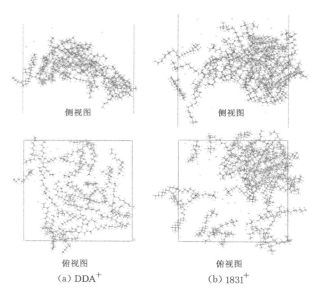

侧视图　　　　　　　　　　侧视图

俯视图　　　　　　　　　　俯视图

（a）DDA$^+$　　　　　　　　（b）1831$^+$

图 5-11　疏水改性剂在烟煤表面吸附空间平衡构型

＝40～50 Å 处,相对浓度较高约为 7.5。结果分析表明:疏水改性剂吸附后体系中的水分子被药剂阳离子排开而远离烟煤表面,其中 1831$^+$ 吸附后体系中水分子被排开的强度较大是由于其碳链长度较 DDA$^+$ 长。

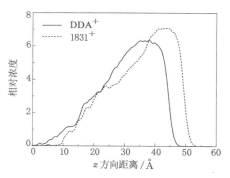

图 5-12　烟煤表面法线方向 O$_w$ 原子浓度分布曲线

　　图 5-13 为十二烷基伯胺阳离子 DDA$^+$ 和十八烷基三甲基季铵阳离子 1831$^+$ 吸附后体系中 N 原子的浓度分布曲线。N 原子的位置代表疏水改性剂极性头基的位置,因此分析 N 原子的浓度分布曲线可以了解疏水改性剂吸附后体系中药剂极性头基的位置变化。由图可知,DDA$^+$ 吸附后 N 原子的浓度主要集中在表面法线方向 z＝15～23 Å 处,说明吸附后大部分 DDA$^+$ 的极性

头基都发生了偏转,朝向水溶液方向;1831⁺吸附后 N 原子的浓度分布相对于 DDA⁺吸附后 N 原子的浓度分布较为均匀,这是因为 1831⁺自聚团现象使得 N 原子出现在法线 z 方向不同位置。

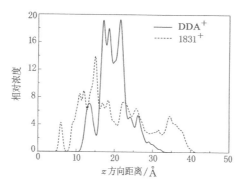

图 5-13　烟煤表面法线方向 N 原子浓度分布曲线

图 5-14 为十二烷基伯胺阳离子 DDA⁺和十八烷基三甲基季铵阳离子 1831⁺吸附后体系中药剂碳链尾端 C 原子的浓度分布曲线。通过分析疏水改性剂吸附后体系中药剂碳链尾端 C 原子沿 z 轴法线方向的浓度分布,可以了解药剂碳链尾端的空间位置,进而分析碳链的尾端偏转情况。由图可知,DDA⁺吸附后碳链尾端 C 原子浓度在 $z=5\sim25$ Å 范围分布较为均匀,1831⁺吸附后碳链尾端 C 原子浓度则主要集中在 $z=12.5\sim25$ Å 范围,这一结果进一步说明 DDA⁺吸附后药剂分布均匀,而 1831⁺吸附后自聚团现象严重。

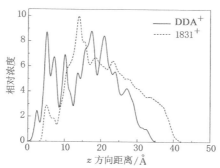

图 5-14　烟煤表面法线方向药剂碳链尾端 C 原子浓度分布曲线

3. 碳链骨架二面角扭曲分布

具有烷基碳链结构的疏水改性剂在煤-水界面吸附或自聚团时,药剂的烷基链骨架结构会发生扭转现象,通过分析药剂吸附后二面角扭曲分布可以了解烷基碳链的扭转程度。图 5-15 为十二烷基伯胺阳离子 DDA$^+$ 和十八烷基三甲基季铵阳离子 1831$^+$ 吸附后体系中药剂碳链骨架二面角大小分布曲线。由图可知,平衡后体系中 DDA$^+$ 和 1831$^+$ 的碳链骨架二面角在[$-120°$,$-30°$]及[$30°$,$120°$]范围内大量出现,而 DDA$^+$ 和 1831$^+$ 的碳链骨架二面角接近 180°,这说明 DDA$^+$ 和 1831$^+$ 在煤表面吸附平衡后碳链发生强烈扭转现象。同时,从图中还可以看出,平衡后 1831$^+$ 在[$-120°$,$-30°$]及[$30°$,$120°$]范围的碳链骨架二面角相对浓度较高,说明 1831$^+$ 的自聚团现象严重。

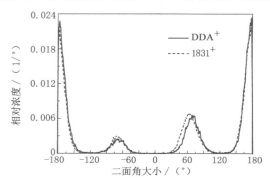

图 5-15 平衡后各体系碳链骨架二面角大小分布曲线

5.4 水/疏水改性剂在高岭石表面吸附的分子动力学计算

5.4.1 水在高岭石表面吸附的分子动力学计算

1. 界面水的空间平衡构型

图 5-16 和图 5-17 分别为不同水覆盖率下高岭石(001)面和(00$\bar{1}$)面上水分子的吸附平衡构型。距离高岭石(001)面最近的一层水分子主要以 O_s···H_w 氢键及 H_s···O_w 氢键的形式与表面发生作用,而距离高岭石(00$\bar{1}$)面最近的一层水分子只能以 O_s···H_w 氢键的形式与表面发生作用;同时水分子间也通过氢键作用形成空间网络结构。

2. 界面处原子浓度分布曲线

图 5-18 为不同水覆盖率下高岭石(001)面法线方向 O_w 原子和 H_w 原子浓度分布曲线。由图 5-18(a)可知,当水覆盖率为 2/3 ML 时,O_w 原子浓度分布曲线只出现一个浓度峰,峰的位置在距离表面 1.52 Å 处;当水覆盖率增加到 2/3 ML 时,O_w 原子浓度分布曲线在距离表面 4.05 Å 处出现第二个峰;水覆

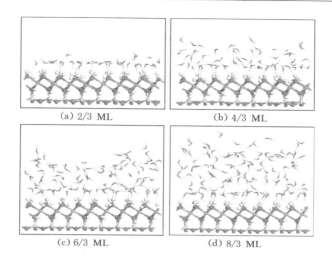

(a) 2/3 ML　　　　　　　　(b) 4/3 ML

(c) 6/3 ML　　　　　　　　(d) 8/3 ML

图 5-16　水分子在高岭石(001)面吸附的空间平衡构型

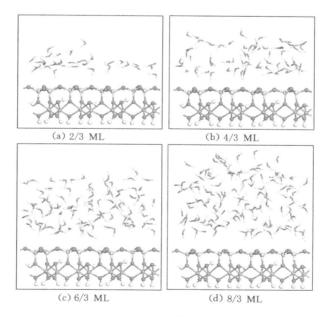

(a) 2/3 ML　　　　　　　　(b) 4/3 ML

(c) 6/3 ML　　　　　　　　(d) 8/3 ML

图 5-17　水分子在高岭石(00$\bar{1}$)面吸附空间平衡构型

盖率继续增至 8/3 ML 时,O_w 原子浓度分布曲线在距离表面 8.12 Å 处出现第三个峰;同时可以看出,随着水覆盖率的增大,O_w 原子浓度分布曲线中各峰浓度降低,且向 z 正方向发生偏移。这说明 2/3 ML 水覆盖率下水分子在(001)

面结合紧密,随着水覆盖率不断增大,高岭石(001)面的束缚力逐渐减小,且水分子逐渐形成多个水分子层,当水覆盖率增至 8/3 ML 时形成三层水分子层[图 5-18(a)中Ⅰ、Ⅱ、Ⅲ]。由图 5-18(b)可知,高岭石(001)面法线方向 H_w 原子浓度分布曲线表现出与 O_w 原子浓度分布曲线类似的规律。水覆盖率为 2/3 ML 时, H_w 原子浓度分布曲线出现两个浓度峰,第一个峰出现在 0.51 Å 处,第二个峰出现在 2.03 Å 处;当水覆盖率增加到 2/3 ML 时, H_w 原子浓度分布曲线在距离表面 4.56 Å 处出现第三个峰;水覆盖率继续增至 8/3 ML 时, H_w 原子浓度分布曲线在距离表面 8.02 Å 处出现第四个峰;同时可以看出,随着水覆盖率的增大, H_w 原子浓度分布曲线中各峰浓度降低,且向 z 正方向发生偏移。这说明 2/3 ML 水覆盖率下水分子在(001)面结合紧密,随着水覆盖率不断增大,高岭石(001)面的束缚力逐渐减小,且水分子逐渐形成多个水分子层;同时,不同水覆盖率下 H_w 原子浓度分布曲线中第一个浓度峰为靠近表面的水分子与表面形成氢键的结果,随着水覆盖率的增大,氢键作用逐渐减弱。

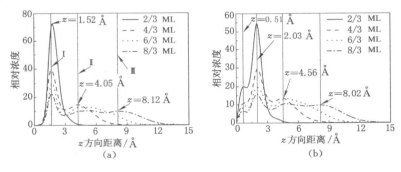

图 5-18　高岭石(001)面法线方向 O_w 原子(a)与 H_w 原子(b)浓度分布曲线

图 5-19 为不同水覆盖率下高岭石($00\bar{1}$)面法线方向 O_w 原子和 H_w 原子浓度分布曲线。由图可知,高岭石($00\bar{1}$)面法线方向 O_w 原子和 H_w 原子浓度分布表现出与高岭石(001)面法线方向 O_w 原子和 H_w 原子浓度分布相似的变化规律,区别在于($00\bar{1}$)面法线方向 O_w 原子和 H_w 原子浓度分布曲线的相对浓度较低,这说明高岭石($00\bar{1}$)面对水分子的界面效应弱于高岭石(001)面对水分子的界面效应。

3. 原子间径向分布函数

(1) 表面-水原子间径向分布函数

图 5-20 为高岭石(001)面 O_s—H_w 以及 H_s—O_w 原子间的径向分布函数,通过对该图的分析可以了解水分子在高岭石(001)表面的有序度。从图中可

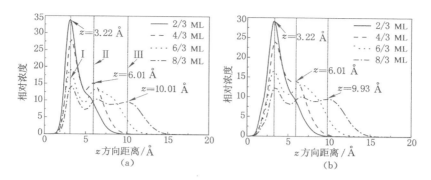

图 5-19　高岭石(00$\bar{1}$)面法线方向 O_w 原子(a)与 H_w 原子(b)浓度分布曲线

以看出高岭石(001)面 O_s—H_w 与 H_s—O_w 原子间径向分布函数的峰形虽不同，但随着水分子单层覆盖率的变化，各自的峰值位置都没有变化，峰的强度都不断减小。这说明，随着水分子数的增加，水分子在高岭石(001)面排列的有序度不断减小。这是因为水分子增大导致表面水分子层数变多，使得表面对水分子的束缚力减小。

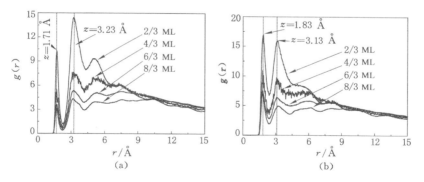

图 5-20　高岭石(001)面 O_s—H_w(a)与 H_s—O_w(b)原子间的径向分布函数

图 5-21 为高岭石(00$\bar{1}$)面 O_s—H_w 原子间的径向分布函数，通过对该图的分析可以了解水分子在高岭石(00$\bar{1}$)表面的有序度。从图中可以看出高岭石(00$\bar{1}$)面 O_s—H_w 原子间径向分布函数的峰值位置随着水分子数的增加都没有变化，但峰的强度都不断减小。这说明，随着水分子数的增加，水分子在高岭石(00$\bar{1}$)面排列的有序度不断减小。这是因为水分子增大导致表面水分子层数变多，使得表面对水分子的束缚力减小。同时，相较于图 5-20(a)可以发现，高岭石(00$\bar{1}$)面 O_s—H_w 原子间径向分布函数的峰强明显小于高岭石(001)面 O_s—H_w 原子间径向分布函数的峰强，这说明高岭石(00$\bar{1}$)面比高岭石(001)面

对水分子的界面效应弱。

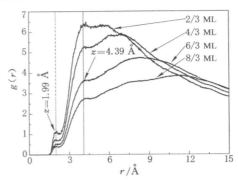

图 5-21　高岭石(00$\bar{1}$)面 O_s—H_w 原子间的径向分布函数

（2）水—水原子间径向分布函数

O_w—O_w 原子间径向分布函数的峰宽和峰强分别表示水分子间的相对位置和有序度强弱；O_w—H_w 原子间的径向分布函数的第一个峰的峰宽和峰强表示对应 O_w—H_w 原子间形成氢键的长度和有序度强弱。因此，通过分析高岭石表面水分子中 O_w—O_w 与 O_w—H_w 原子间的径向分布函数能够了解高岭石表面对界面水结构的影响。

图 5-22 和图 5-23 分别为高岭石（001）面及高岭石（00$\bar{1}$）面 O_w—O_w 与 O_w—H_w 原子间的径向分布函数。从两图中可以看到，随着水分子数的增加，水中 O_w—O_w 与 O_w—H_w 原子间径向分布函数的峰值位置都没有发生变化，这说明界面水与体相水结构基本相似；随着水分子数的增加，峰强都呈减小趋势，说明水分子间排列的有序度不断减弱；同时，高岭石（001）面 O_w—O_w 与 O_w—H_w 原子间的径向分布函数的峰强弱于高岭石（00$\bar{1}$）面，这说明高岭石（001）面对界面水结构的影响强于高岭石（00$\bar{1}$）面对界面水结构的影响，这一点与表面-水原子间径向分布函数分析所得结果相一致。

4. 界面处水分子的扩散系数

根据界面处水分子的扩散系数，可以了解不同水覆盖率下界面水分子的位置变化。图 5-24 为高岭石（001）面及（00$\bar{1}$）面 H_2O 的均方根位移 MSD 及其线性拟合，根据拟合计算得出 H_2O 的自扩散系数列在表 5-3 中。根据数据结果可以看出，随着水分子数从 2/3 ML 增大到 6/3 ML，高岭石（001）面水分子自扩散系数从 0.93×10^{-9} m^2/s 不断增大至 3.52×10^{-9} m^2/s；当继续增大到 8/3 ML 时，H_2O 的扩散系数反而下降。高岭石（00$\bar{1}$）面水分子自扩散系数变化基本与高岭石（001）面相似，随着水分子数从 2/3 ML 增大到 6/3 ML，高

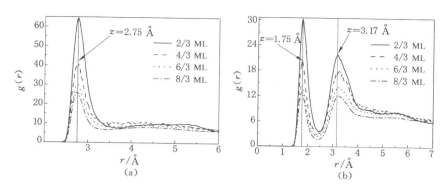

图 5-22　高岭石(001)面 O_w—O_w(a)与 O_w—H_w(b)原子间的径向分布函数

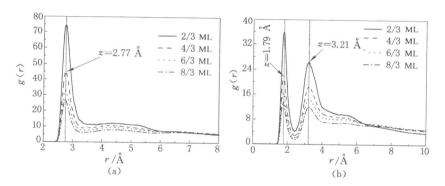

图 5-23　高岭石(00$\bar{1}$)面 O_w—O_w(a)与 O_w—H_w(b)原子间的径向分布函数

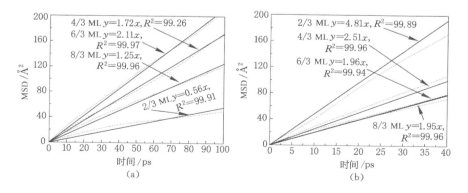

图 5-24　高岭石(001)面(a)及(00$\bar{1}$)面(b)H_2O 的均方根位移及其线性拟合

岭石$(00\bar{1})$面水分子自扩散系数从 8.02×10^{-9} m²/s 不断减小至 3.27×10^{-9} m²/s；当继续增大到 8/3 ML 时，H_2O 的扩散系数基本不再变化。当水覆盖率增至 8/3 ML 时，高岭石表面水分子的扩散系数减小或保持不变，其原因是：8/3 ML 时，高岭石表面对水分子的作用减弱至一个极小值，水分子间的相互作用增大至一个极大值，使得水分子的扩散系数反而有所减小或保持不变。

表 5-3　高岭石(001)面及$(00\bar{1})$面不同水分子数下 H_2O 的自扩散系数

水覆盖率		2/3 ML	4/3 ML	6/3 ML	8/3 ML
扩散系数 /(m²/s)	$H_2O/(001)$ 面	0.93×10^{-9}	2.87×10^{-9}	3.52×10^{-9}	2.53×10^{-9}
	$H_2O/(00\bar{1})$ 面	8.02×10^{-9}	4.18×10^{-9}	3.27×10^{-9}	3.25×10^{-9}

5.4.2　疏水改性药剂在高岭石表面吸附的分子动力学计算

1. 高岭石表面吸附的空间平衡构型

图 5-25(a)和(b)分别为 3/6 ML 十二烷基伯胺阳离子 DDA^+ 及十八烷基季铵阳离子 1831^+ 在高岭石(001)面吸附的空间平衡构型。由图可知，两种疏水改性剂阳离子在高岭石(001)面的吸附构型中，大部分阳离子通过极性头基与表面发生吸附，碳链存在小角度倾斜和轻微扭转；少部分药剂阳离子的极性头基远离表面与其他药剂的碳链发生自聚团，其碳链骨架存在较大程度扭转。

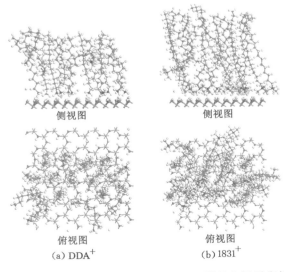

侧视图　　　　　　　　　侧视图

俯视图　　　　　　　　　俯视图
(a) DDA^+　　　　　　　　(b) 1831^+

图 5-25　疏水改性剂在高岭石(001)面吸附的空间平衡构型

图 5-26(a)和(b)分别 3/6 ML 十二烷基伯胺阳离子 DDA$^+$ 及十八烷基季铵阳离子 1831$^+$ 在高岭石(00$\bar{1}$)面吸附的空间平衡构型。由图 5-26(a)可知，DDA$^+$ 在高岭石(00$\bar{1}$)面吸附后，其中一部分阳离子通过极性头基与表面发生吸附，但碳链尾端存在很大程度扭转；一部分阳离子则横躺着吸附在高岭石(00$\bar{1}$)面，且碳链骨架出现扭转；还有少部分阳离子的极性头基远离表面朝向溶液，与其他药剂的碳链尾端发生自聚团，其碳链骨架存在较大程度扭转。由图 5-26(a)可知，1831$^+$ 在高岭石(00$\bar{1}$)面吸附后，阳离子通过极性头基与表面发生吸附，碳链存在小角度倾斜和轻微扭转，碳链尾端发生轻微自聚团现象。

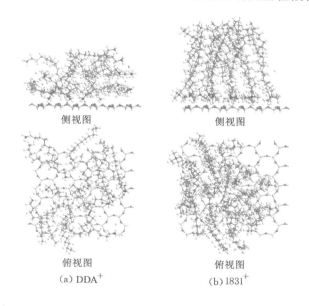

侧视图　　　　　　　　　侧视图

俯视图　　　　　　　　　俯视图

(a) DDA$^+$　　　　　　　(b) 1831$^+$

图 5-26　疏水改性剂在高岭石(00$\bar{1}$)面吸附的空间平衡构型

2. 界面处原子浓度分布曲线

图 5-27 分别为十二烷基伯胺阳离子 DDA$^+$ 和十八烷基三甲基季铵阳离子 1831$^+$ 在高岭石(001)面及(00$\bar{1}$)面吸附后体系中 O$_w$ 原子的浓度分布曲线。平衡体系中 O$_w$ 原子的空间位置可以用来表示水分子的空间位置。图 5-27(a)和(b)中 O$_w$ 原子浓度分布曲线中第一个浓度峰分别为界面处与表面氢原子形成 H$_s$···O$_w$ 氢键和 O$_s$···H$_w$ 氢键的水中 O$_w$ 原子，由图可知，界面处 H$_s$···O$_w$ 氢键的平均键长为 2.03 Å，O$_s$···H$_w$ 氢键的平均键长约为 1.54 Å[前面已得出水分子在(00$\bar{1}$)面吸附时水中键 H$_w$—O$_w$ 近似垂直于表面，所以这里氢键 O$_s$···H$_w$ 的平均键长为：2.54－(H$_w$—O$_w$)的键长]；图中 O$_w$ 原子浓度分布曲线都呈中

间浓度低两端浓度稍高的趋势,曲线中间浓度低是由疏水改性剂吸附使水分子被排开所致,界面处 O_w 原子浓度较高是因为水分子与表面形成氢键,远离表面后 O_w 原子浓度再度升高则是水的结构慢慢接近体相水结构的表现。

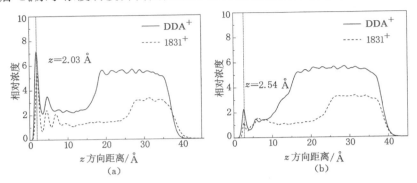

图 5-27   高岭石(001)面(a)及(00$\bar{1}$)面(b)法线方向 O_w 原子浓度分布曲线

图 5-28 分别为十二烷基伯胺阳离子 DDA$^+$ 和十八烷基三甲基季铵阳离子 1831$^+$ 在高岭石(001)面及(00$\bar{1}$)面吸附后体系中 N 原子的浓度分布曲线。N 原子的位置代表疏水改性剂极性头基的位置,因此分析 N 原子的浓度分布曲线可以了解疏水改性剂吸附后体系中药剂极性头基的位置变化。由图可知,DDA$^+$ 和 1831$^+$ 在高岭石(001)面及(00$\bar{1}$)面吸附后 N 原子的浓度都集中靠近表面法线方向 $z=1\sim6$ Å 处,说明吸附后 DDA$^+$ 和 1831$^+$ 的极性头基都朝向高岭石表面,只有极少数阳离子头基向溶液方向发生轻微偏转;平衡体系中 DDA$^+$ 与高岭石表面的距离比 1831$^+$ 与高岭石表面的距离近,这说明高岭石(001)面及(00$\bar{1}$)面对 DDA$^+$ 的界面效应强于对 1831$^+$ 的界面效应,即 DDA$^+$ 比 1831$^+$ 更容易与高岭石表面发生吸附。

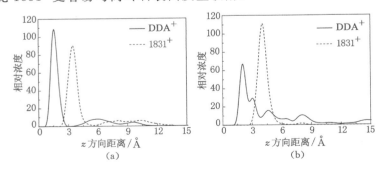

图 5-28   高岭石(001)面(a)及(00$\bar{1}$)面(b)法线方向 N 原子浓度分布曲线

　　图 5-29 分别为十二烷基伯胺阳离子 DDA$^+$ 和十八烷基三甲基季铵阳离子 1831$^+$ 在高岭石(001)面及(00$\overline{1}$)面吸附后体系中药剂碳链尾端 C 原子的浓度分布曲线。通过分析疏水改性剂吸附后体系中药剂碳链尾端 C 原子沿 z 轴法线方向的浓度分布,可以了解药剂碳链尾端的空间位置,进而分析碳链的尾端偏转情况。由图可知,DDA$^+$ 和 1831$^+$ 在高岭石(001)面吸附后碳链尾端 C 原子浓度分别集中在 $z=12\sim20$ Å 和 $z=20\sim30$ Å 范围,结合药剂本身碳链长度分析可知,两种药剂在高岭石(001)面都是以极性头基朝向表面、碳链朝向溶液的形态吸附在界面处的。DDA$^+$ 在高岭石(00$\overline{1}$)面吸附后碳链尾端 C 原子浓度主要集中在 $z=2\sim18$ Å,说明 DDA$^+$ 吸附后碳链骨架发生严重扭转,这与前面吸附构型中 DDA$^+$ 平躺着吸附在高岭石(00$\overline{1}$)面的结果是一致的;1831$^+$ 在高岭石(00$\overline{1}$)面吸附后碳链尾端 C 原子浓度主要集中在 $z=18\sim26$ Å,说明其吸附形态与之在高岭石(001)面的吸附形态是相似的。比较两种药剂在高岭石(001)面及(00$\overline{1}$)面吸附后体系中药剂碳链尾端 C 原子的浓度分布,不难发现高岭石(00$\overline{1}$)面对药剂的界面效应强于高岭石(001)面对药剂的界面效应。

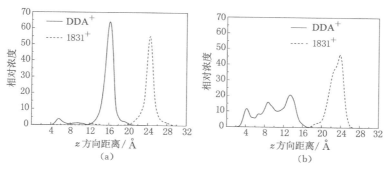

图 5-29　高岭石(001)面(a)及(00$\overline{1}$)面(b)法线方向药剂碳链尾端 C 原子浓度分布曲线

3. 碳链骨架二面角扭曲分布

　　疏水改性剂在高岭石-水界面吸附或自聚团时,药剂的烷基链骨架结构会发生扭转现象,通过分析药剂吸附后二面角扭曲分布可以了解烷基碳链的扭转程度。图 5-30(a)和(b)为十二烷基伯胺阳离子 DDA$^+$ 和十八烷基三甲基季铵阳离子 1831$^+$ 在高岭石(001)面及(00$\overline{1}$)面吸附后体系中药剂碳链骨架二面角大小分布曲线。由图可知,平衡后体系中 DDA$^+$ 和 1831$^+$ 的碳链骨架二面角都在 $[-120°,-30°]$ 和 $[30°,120°]$ 范围内大量出现,而 DDA$^+$ 和 1831$^+$ 的初始碳链骨架二面角接近 180°,这说明 DDA$^+$ 和 1831$^+$ 在高岭石表面吸附平衡后碳链发生较强扭转现象。其中,DDA$^+$ 和 1831$^+$ 在高岭石(001)面吸附平衡后两药剂在$[-120°,-30°]$及$[30°,120°]$范围的碳链骨架二面角相对浓度相差不大,说明平衡后DDA^+和1831^+碳链骨架的扭转程度相差不大;而DDA^+和1831^+在高岭石$(00\overline{1})$面吸附平衡后DDA^+在$[-120°,-30°]$和$[30°,120°]$范围的碳链骨架二面角相对浓度强于1831^+在$[-120°,-30°]$和$[30°,120°]$范围的碳链骨架二面角相对浓度,说明平衡后相对于1831^+,DDA^+的碳链骨架发生了较强的扭转现象。

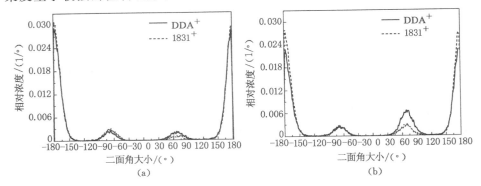

图 5-30　高岭石(001)面(a)及$(00\overline{1})$面(b)药剂碳链骨架二面角大小分布曲线

5.5　煤与高岭石相互作用的分子动力学计算

前面煤与高岭石相互作用的 DFT 计算结果表明,不同煤含氧结构能够在高岭石(001)面及$(00\overline{1})$面发生吸附,且吸附时苯环结构近似平行于高岭石表面。为进一步了解煤与高岭石间相互作用,对烟煤大分子在高岭石(001)面及$(00\overline{1})$面吸附的微观结构进行了分子动力学模拟,其空间平衡构型如图 3-31 所示。

由图可知,烟煤大分子在高岭石(001)面及$(00\overline{1})$面动力学平衡后,烟煤分子中部分苯环结构近似平行于高岭石表面,这一结果与高岭石表面不同煤含氧结构的 DFT 模拟结果相符合。

图 5-32 为烟煤大分子在高岭石表面吸附动力学平衡后高岭石表面法线方向 O_w 原子浓度分布曲线。由图可知,O_w 原子浓度分布曲线中第一个浓度峰为与高岭石表面形成氢键的水分子中 O_w 原子浓度,即高岭石(001)面形成的氢键 $O_w\cdots H_s$ 的平均键长约为 2.05 Å,高岭石$(00\overline{1})$面形成的氢键 $O_s\cdots H_w$ 的平均键长约为 2.07 Å[前面已得出水分子在$(00\overline{1})$面吸附时水中键 $H_w—O_w$ 近似垂直与表面,所以这里氢键 $O_s\cdots H_w$ 的平均键长为:$3.07-(H_w—O_w)$的

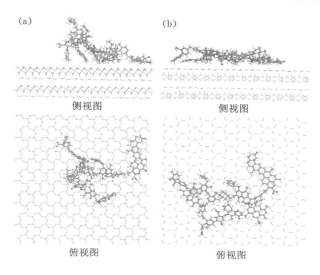

图 5-31   烟煤大分子在高岭石(001)面(a)及(00$\bar{1}$)面(b)吸附的空间平衡构型

键长〕;高岭石(001)面及(00$\bar{1}$)面 O_w 原子浓度分布曲线在 $z=4\sim6$ Å 处都出现了下凹趋势,说明烟煤大分子在高岭石表面吸附将一部分水分子排开而远离高岭石表面;当 $z\geqslant10$ Å 时,高岭石界面水结构开始接近体相水。

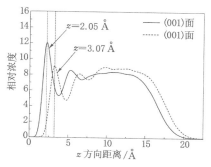

图 5-32   高岭石表面法线方向 O_w 原子浓度分布曲线

图 5-33 为烟煤大分子在高岭石表面吸附动力学平衡后高岭石表面法线方向烟煤分子中 C_{BC}(C_{BC} 为烟煤大分子中碳原子)原子浓度分布曲线。图中高岭石(001)面及(00$\bar{1}$)面 C_{BC} 原子浓度分布曲线中出现的第一个浓度峰为烟煤大分子中近似平行于高岭石表面的苯环中碳原子浓度,分别出现在高岭石(001)面 $z=2.56$ Å 处和高岭石(00$\bar{1}$)面 $z=3.58$ Å 处,即动力学平衡后烟煤大分子中近似平行于高岭石表面的苯环中碳到高岭石(001)面及(00$\bar{1}$)面的平

均距离分别为 2.56 Å 和 3.58 Å,这说明高岭石(001)面与烟煤大分子中苯环结构间的作用强,与 DFT 计算结果相一致。

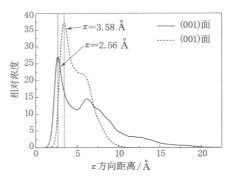

图 5-33   高岭石表面法线方向烟煤分子中 C_{BC} 原子浓度分布曲线

根据前面 DFT 计算表明,高岭石(001)面与烟煤大分子间能够形成 $O_s\cdots H_{BC}$ 与 $H_s\cdots O_{BC}$ 氢键,高岭石$(00\bar{1})$面与烟煤大分子间能够形成 $O_s\cdots H_{BC}$ 氢键,为考察动力学平衡后烟煤大分子与高岭石表面间的氢键作用强弱,对高岭石/烟煤大分子间的原子间径向分布函数进行了分析,结果见图 5-34 和图 5-35。图 5-34 为高岭石(001)面 O_s—H_{BC} 与 H_s—O_{BC} 原子间径向分布函数,图 5-35 为高岭石 $(00\bar{1})$面 O_s—H_{BC} 原子间径向分布函数。由图可知,在高岭石(001)面 O_s—H_{BC} 与 H_s—O_{BC} 及高岭石$(00\bar{1})$面 O_s—H_{BC} 原子间径向分布函数曲线中都没有明显的表示氢键 $O_s\cdots H_{BC}$ 与 $H_s\cdots O_{BC}$ 及氢键 $O_s\cdots H_{BC}$ 的浓度峰,说明氢键在烟煤大分子与高岭石表面间相互作用中所提供的贡献较小。

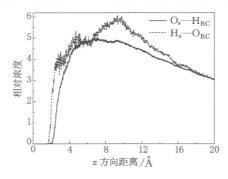

图 5-34   高岭石(001)面 O_s—H_{BC} 与 H_s—O_{BC} 原子间径向分布函数

综合分析可知,煤与高岭石颗粒间的相互作用主要为煤分子中含氧官能团与高岭石表面的氢键作用,以及煤分子中活性较强的苯环与高岭石表面间

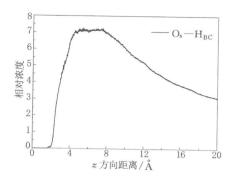

图 5-35　高岭石 $(00\bar{1})$ 面 O_s—H_{BC} 原子间径向分布函数

的作用。即微细煤与高岭石间的相互作用机制主要是氢键作用和煤结构中苯环与高岭石表面间作用的综合,其中以苯环与高岭石表面间作用为主导。

5.6　本章小结

（1）水分子在烟煤表面吸附的空间平衡构型分析表明:当水层分子数为200 和 400 时,由于水分子无法完全覆盖烟煤表面,水分子在烟煤表面吸附时遵循能量最低原则优先在煤表面 z 轴法线方向低的位置吸附;当水层分子数 $\geqslant 800$ 时,水分子完全覆盖烟煤表面,并开始形成水层结构。O_w 原子浓度分布曲线结果表明:随着水层分子数从 200 增加至 1 600,烟煤表面对水分子的作用逐渐减小,水分子逐渐远离表面。径向分布函数结果表明:界面水和体相水的结构相似,且随着水层分子数的增加,水分子间排列的有序度不断减小。水层分子数为 200、400、800 和 1 600 时界面水的扩散系数分别为 4.10×10^{-9} m^2/s、4.87×10^{-9} m^2/s、7.90×10^{-9} m^2/s 和 4.30×10^{-9} m^2/s。

（2）烟煤表面动力学平衡后 DDA^+ 和 1831^+ 碳链发生严重扭转现象,不再表现出开始时的直链结构;大部分 DDA^+ 和 1831^+ 朝向发生偏转,极性头基朝向溶液;DDA^+ 在烟煤表面分布较为均匀,1831^+ 则在界面处出现较强的自聚团现象。原子浓度分布曲线结果表明:平衡体系中的水分子被疏水改性剂阳离子排开而远离烟煤表面;DDA^+ 吸附后 N 原子的浓度主要集中在表面法线方向 $z = 15 \sim 23$ Å 处,而 1831^+ 吸附后 N 原子的浓度分布相对于 DDA^+ 吸附后 N 原子的浓度分布较为均匀;DDA^+ 吸附后碳链尾端 C 原子浓度在 $z = 5 \sim 25$ Å 范围分布较为均匀,1831^+ 吸附后碳链尾端 C 原子浓度则主要集中在 $z = 12.5 \sim 25$ Å 范围。碳链骨架二面角扭曲分布线结果表明:DDA^+ 和 1831^+ 在煤表面吸附平衡后碳链发生强烈扭转现象,其中 1831^+ 的自聚团现象严重。烟煤表面药剂吸附动力学结果表明:DDA^+ 对烟煤表面的疏水化效果优于 1831^+ 对烟煤表面的疏水化效果,但总体上疏水改性剂在烟煤表面吸附效果不理想。

(3) 界面处水分子主要以 $O_s\cdots H_w$ 氢键和 $H_s\cdots O_w$ 氢键吸附在高岭石 (001) 面,以 $O_s\cdots H_w$ 氢键吸附在高岭石 $(00\bar{1})$ 面;同时水分子间也通过氢键作用形成空间网络结构。随着水覆盖率不断增大,高岭石表面对水分子的束缚力逐渐减小,界面处的氢键作用逐渐减弱,且水分子逐渐形成多个水分子层;当水覆盖率相同时,高岭石 $(00\bar{1})$ 面对水分子的界面效应弱于高岭石 (001) 面对水分子的界面效应。高岭石界面水和体相水的结构相似,且随着水覆盖率的增大,水分子间排列的有序度不断减小。随着水覆盖率不断增大,高岭石 (001) 面的水扩散系数呈先增大后减小趋势,而 $(00\bar{1})$ 面的水扩散系数则不断增大;覆盖率为 2/3 ML、4/3 ML、6/3 ML 和 8/3 ML 时高岭石 (001) 面及 $(00\bar{1})$ 面的水扩散系数分别为 0.93×10^{-9} m^2/s、2.87×10^{-9} m^2/s、3.52×10^{-9} m^2/s、2.53×10^{-9} m^2/s 和 8.02×10^{-9} m^2/s、4.18×10^{-9} m^2/s、3.27×10^{-9} m^2/s、3.25×10^{-9} m^2/s。

(4) 两种疏水改性剂阳离子 DDA^+ 及 1831^+ 在高岭石 (001) 面的吸附构型中,大部分阳离子通过极性头基与表面发生吸附,碳链存在小角度倾斜和轻微扭转;少部分药剂阳离子的极性头基远离表面与其他药剂的碳链发生自聚团,其碳链骨架存在较大程度扭转;DDA^+ 在高岭石 $(00\bar{1})$ 面吸附后,其中一部分阳离子通过极性头基与表面发生吸附,但碳链尾端存在很大程度扭转;一部分阳离子则横躺着吸附在高岭石 $(00\bar{1})$ 面,且碳链骨架出现扭转;还有少部分阳离子的极性头基远离表面朝向溶液,与其他药剂的碳链尾端发生自聚团,其碳链骨架存在较大程度扭转。1831^+ 在高岭石 $(00\bar{1})$ 面吸附后,阳离子通过极性头基与表面发生吸附,碳链存在小角度倾斜和轻微扭转,碳链尾端发生轻微自聚团现象。平衡体系中的水分子被疏水改性剂阳离子排开而远离高岭石表面;DDA^+ 和 1831^+ 在 (001) 面及 1831^+ 在 $(00\bar{1})$ 面吸附时都是极性头基朝向表面碳链尾端朝向溶液的形态,而 DDA^+ 在 $(00\bar{1})$ 面吸附时是类似平躺在表面进行吸附的。DDA^+ 和 1831^+ 在煤表面吸附平衡后碳链发生扭转现象,其中 DDA^+ 和 1831^+ 在 (001) 面及 1831^+ 在 $(00\bar{1})$ 面吸附时碳链骨架扭转程度较小,而 DDA^+ 在 $(00\bar{1})$ 面吸附时碳链骨架发生强烈扭曲。

(5) 煤与高岭石颗粒间的相互作用主要为煤分子中含氧官能团与高岭石表面的氢键作用,以及煤分子中活性较强的苯环与高岭石表面间的作用。即微细煤与高岭石间的相互作用机制主要是氢键作用和煤结构中苯环与高岭石表面间作用的综合,其中以苯环与高岭石表面间作用为主导。

6　结论与展望

6.1　主要研究结论

（1）烷基胺/铵盐类疏水改性剂能够通过在微细煤泥颗粒表面吸附对其颗粒界面性质产生显著影响，并促进微细煤泥颗粒的疏水聚团沉降。主要是通过对煤泥颗粒表面的疏水改性，弱化颗粒间水化斥力，增强颗粒间疏水引力作用；同时降低了煤泥颗粒表面的电负性，压缩了颗粒表面双电层，减小了颗粒间的静电斥力，促进了颗粒形成聚团，进而强化颗粒重力沉降作用。烷基胺/铵盐类疏水改性剂的疏水聚团作用机理主要是"吸附电中和"和疏水引力综合作用的结果，且两者间的作用强弱不仅取决于疏水改性剂的药剂种类、药剂用量，还取决于煤泥水体系的特性如矿浆 pH 值及矿浆浓度等。

（2）疏水改性剂作用下单一煤聚团沉降效果远弱于单一高岭石的聚团沉降效果。动能输入过小则药剂无法在颗粒表面充分作用，动能输入过大容易在悬浮液中形成微泡，阻碍聚团的沉降；矿浆浓度过大，容易导致聚团形成稳定的空间网状结构，限制聚团沉降速度；即合适的矿浆浓度和动能输入有利于微细煤泥颗粒的疏水聚团沉降。微细煤泥颗粒疏水聚团沉降的最佳矿浆 pH 值为弱碱性。

（3）混凝剂与疏水改性剂复配使用，不仅能减少各药剂的用量，还能显著提高高泥化煤泥水的疏水聚团沉降效果。混凝剂与 1831 的最佳复配用量为絮凝剂 APAM 用量 40 g/t、凝聚剂 $CaCl_2$ 用量 10 000 g/t、1831 用量 1 500 g/t，此时煤泥水的初始沉降速度达到 0.97 cm/min，透光率达到 84.1%。

（4）水分子主要通过与煤表面不同含氧官能团形成氢键吸附到煤表面，且在不同煤含氧结构表面吸附的稳定性大小为：—COOH＞—C＝O＞Ph—OH＞—O—；不同甲基胺/铵阳离子主要通过与煤表面不同含氧官能团形成 N—H_N⋯O 或 C—H_C⋯O 氢键吸附到煤表面，且在不同煤含氧结构表面吸附的稳定性大小为：—C＝O＞—COOH＞—O—＞Ph—OH；水及不同甲基胺/铵阳离子在煤含氧结构表面吸附的稳定性大小为：$CH_6N^+＞C_2H_8N^+＞C_3H_{10}N^+＞C_4H_{12}N^+＞H_2O$。

（5）水分子主要通过氢键吸附在高岭石（001）面和（00$\bar{1}$）面，单个水分子在高岭石(001)面不同初始位置的吸附能为－72.12～－19.23 kJ/mol,小于在高岭石(00$\bar{1}$)面不同初始位置的吸附能－19.23～－5.77 kJ/mol,即水分子更容易吸附在高岭石(001)面。不同甲基胺/铵阳离子主要通过静电作用和氢键吸附在高岭石(001)面和(00$\bar{1}$)面,且不同甲基胺/铵阳离子更容易吸附在高岭石(00$\bar{1}$)面;不同甲基胺/铵阳离子在高岭石(001)面最佳吸附位点为 H3 位,吸附能分别为－125.385 kJ/mol、－126.154 kJ/mol、－128.654 kJ/mol 及－109.711 kJ/mol,在高岭石(00$\bar{1}$)面最佳吸附位点都为 H1 位,吸附能分别为－140.961 kJ/mol、－136.154 kJ/mol、－138.558 kJ/mol 及－115.961 kJ/mol,且其吸附能远低于水分子在高岭石(001)面和(00$\bar{1}$)面的吸附能,即不同甲基胺/铵阳离子能稳定吸附在高岭石(001)面和(00$\bar{1}$)面进行疏水调控;不同十二烷基胺/铵阳离子在高岭石(001)面不同穴位吸附构型的稳定性为 H3＞H1＞H2,在高岭石(00$\bar{1}$)面不同穴位吸附构型的稳定性为 H1＞H2＞H3;不同碳链长度的季铵盐在高岭石(001)面及(00$\bar{1}$)面吸附稳定性随着季铵盐碳链长度的增加而减小。不同煤含氧结构单元主要通过其含氧官能团与表面形成氢键的形式吸附在高岭石表面,在高岭石(001)面及(00$\bar{1}$)面吸附稳定性大小分别为－COOH＞Ph—OH＞—C＝O＞—O—和—COOH＞—C＝O＞—O—＞Ph—OH,且煤含氧结构更容易吸附在高岭石(001)面。

(6) 随着水层分子数从 200 增加至 1 600,烟煤表面对水分子的界面效应逐渐减小,水分子逐渐远离表面,且水分子间排列的有序度不断减小。十二烷基伯胺阳离子和十八烷基三甲基氯化铵阳离子在烟煤-水界面处动力学平衡后,阳离子的碳链都发生严重扭转现象,且大部分阳离子极性头基朝向溶液,对烟煤表面疏水改性效果不理想。

(7) 随着水覆盖率不断从 2/3 ML 增大到 8/3 ML,高岭石表面对水分子的束缚力逐渐减小,界面处的水分子排列有序度和氢键作用逐渐减弱,且水分子逐渐形成 3 个水分子层;相同水覆盖率时,高岭石(00$\bar{1}$)面对水分子的界面效应弱于高岭石(001)面对水分子的界面效应。十二烷基伯胺阳离子和十八烷基三甲基氯化铵阳离子在高岭石-水界面处动力学平衡后,阳离子主要以极性头基吸附在高岭石表面,非极性碳链朝向溶液,并发生一定程度扭转,不同阳离子碳链通过疏水缔合作用吸引到一起使表面疏水化。

(8) 烟煤大分子在高岭石-水界面处动力学平衡后,烟煤分子中部分苯环结构近似平行于高岭石表面,这一结果进一步说明,煤与高岭石颗粒间的相互作用,除了烟煤分子中含氧官能团与高岭石表面的氢键作用外,烟煤分子中活性较强的苯环与高岭石表面也存在较强的作用。即微细煤与高岭石颗粒间的相互作用机制主要是氢键作用和煤结构中苯环与高岭石表面间作用的综合。

6.2　展望

（1）试验和模拟所用的药剂存在局限性，且是引用其他领域现有药剂，在后续的研究中需要增加药剂类型，尽可能根据模拟结果尝试制备新药剂。

（2）书中只考虑了煤与高岭石两种混合矿物的疏水聚团沉降，与实际煤泥水中的矿物组成相差甚远，希望在后续的研究中开展多种黏土矿物和煤的混合矿物疏水聚团沉降。

（3）本书只对高岭石（001）面和（00$\bar{1}$）面的吸附进行了量子力学/分子动力学模拟，研究内容存在局限性，后面希望能够开展水及疏水改性剂在高岭石端面的 DFT 及 MD 模拟研究。

（4）在煤泥水中微细矿物颗粒间相互作用的 DFT 及 MD 模拟研究中，只考虑淮南矿区煤泥中主要微细粒煤和高岭石间的相互作用，且计算和分析不够全面和深入，在后续研究中希望对煤在高岭石端面的吸附及煤与其他煤泥黏土矿物间的相互作用进行深入的模拟计算。

参 考 文 献

[1] 袁亮.煤炭精准开采科学构想[J].煤炭学报,2017,42(1):1-7.

[2] 王伟东,李少杰,韩九曦.世界主要煤炭资源国煤炭供需形势分析及行业发展展望[J].中国矿业,2015,24(2):5-9.

[3] 中华人民共和国国家统计局.中国统计年鉴-2021[M].北京:中国统计出版社,2021.

[4] 孙刚.商品煤采样与制样[M].北京:中国质检出版社,中国标准出版社,2012.

[5] 杨丽."十二五"期间中国煤炭科技的发展方向[J].洁净煤技术,2013,19(1):112-114.

[6] 申宝宏,雷毅,郭玉辉.中国煤炭科学技术新进展[J].煤炭学报,2011,36(11):1779-1783.

[7] 徐云涛.能源发展与环境问题[J].能源环境保护,2007,21(4):9-11.

[8] 闵凡飞,张明旭,朱金波.高泥化煤泥水沉降特性及凝聚剂作用机理研究[J].矿冶工程,2011,31(4):55-58.

[9] 赵志国,张东晨,闵凡飞.我国选煤技术发展现状及对煤炭清洁利用的影响[J].中国科技论文在线,2011,6(3):215-219.

[10] SACHDEV R K. Clean coal technologies-present scenario in India[C]// Clean Coal Day in Japan,2007:16-17.

[11] 冉进财,肖云齐.基于清洁生产的选煤厂循环经济模式探讨[J].煤炭工程,2008,40(12):67-69.

[12] 濮洪九.关于推进我国煤炭清洁生产与利用的相关思考[J].中国能源,2010,32(3):5-8.

[13] 张明旭.选煤厂煤泥水处理[M].徐州:中国矿业大学出版社,2005.

[14] 王雷,李宏亮,彭陈亮,等.我国煤泥水沉降澄清处理技术现状及发展趋势[J].选煤技术,2013(2):82-86.

[15] 盖春燕.高泥化煤泥水特性与处理工艺研究[D].太原:太原理工大学,2006.

[16] ISRAELACHVILI J N. Forces between surfaces in liquids[J]. Advances in Colloid and Interface Science,1982,16(1):31-47.

［17］任俊，沈健，卢寿慈. 颗粒分散科学与技术［M］. 北京：化学工业出版社，2005.

［18］PENG C S，SONG S X，FORT T. Study of hydration layers near a hydrophilic surface in water through AFM imaging［J］. Surface and Interface Analysis，2006，38(5)：975-980.

［19］林喆，杨超，沈正义，等. 高泥化煤泥水的性质及其沉降特性［J］. 煤炭学报，2010，35(2)：312-315.

［20］CHEN J，MIN F F，LIU L Y，et al. Hydrophobic aggregation of fine particles in high muddied coal slurry water［J］. Water Science and Technology，2016，73(3)：501-510.

［21］SABAH E，CENGIZ I. An evaluation procedure for flocculation of coal preparation plant tailings［J］. Water Research，2004，38(6)：1542-1549.

［22］DERJAGUIN B V，CHURAEV N V，MULLER V M. Surface forces［M］. Springer，1987.

［23］闵凡飞，赵晴，李宏亮，等. 煤泥水中高岭土颗粒表面荷电特性研究［J］. 中国矿业大学学报，2013，42(2)：284-290.

［24］亓欣，匡亚莉. 黏土矿物对煤泥表面性质的影响［J］. 煤炭科学技术，2013，41(7)：126-128.

［25］CAO Y J，GUI X H，MA Z L，et al. Process mineralogy of copper-nickel sulphide flotation by a cyclonic-static micro-bubble flotation column［J］. Mining Science and Technology (China)，2009，19(6)：784-787.

［26］冯莉，刘炯天，张明青，等. 煤泥水沉降特性的影响因素分析［J］. 中国矿业大学学报，2010，39(5)：671-675.

［27］栾兆坤. 无机高分子絮凝剂聚合氯化铝的基础理论与应用研究［D］. 北京：中国科学院生态环境研究中心，1997.

［28］CHEN G H. Electrochemical technologies in wastewater treatment［J］. Separation and Purification Technology，2004，38(1)：11-41.

［29］RAJKUMAR D，PALANIVELU K. Electrochemical treatment of industrial wastewater［J］. Journal of Hazardous Materials，2004，113(1/2/3)：123-129.

［30］SHEN F，CHEN X M，GAO P，et al. Electrochemical removal of fluoride ions from industrial wastewater［J］. Chemical Engineering Science，2003，58(3/4/5/6)：987-993.

［31］董宪姝，姚素玲，刘爱荣，等. 电化学处理煤泥水沉降特性的研究［J］. 中国矿业大学学报，2010，39(5)：753-757.

［32］ DONG X S,HU X J,YAO S L,et al. Vacuum filter and direct current electro-osmosis dewatering of fine coal slurry［J］. Procedia Earth and Planetary Science,2009,1(1):685-693.

［33］ 马放,张金凤,远立江,等. 复合型生物絮凝剂成分分析及其絮凝机理的研究［J］. 环境科学学报,2005,25(11):1491-1496.

［34］ 王兰,唐静,赵璇. 微生物絮凝剂絮凝机理的研究方法［J］. 环境工程学报,2011,5(3):481-488.

［35］ 郑怀礼,等. 生物絮凝剂与絮凝技术［M］. 北京:化学工业出版社,2004.

［36］ AL-SHAHWANI M F,JAZRAWI S F,AL-RAWI E H. Effects of bacterial communities on floc sizes and numbers in industrial and domestic effluents［J］. Agricultural Wastes,1986,16(4):303-311.

［37］ 吴学凤,张东晨,姜绍通. 酱油曲霉絮凝煤泥水的试验研究［J］. 煤炭学报,2007,32(4):433-436.

［38］ 张东晨,刘志勇,王涛,等. 微生物絮凝煤泥水试验及其红外光谱研究［J］. 选煤技术,2012(3):5-7.

［39］ 王雷. 外加电场辅助煤泥水沉降试验研究［D］. 淮南:安徽理工大学,2013.

［40］ 李宏亮. 外电场作用下煤泥水中矿物颗粒沉降动力学模拟研究［D］. 淮南:安徽理工大学,2013.

［41］ 吕玉庭,赵丽颖,杨强. 磁种絮凝对煤泥水沉降效果的影响［J］. 黑龙江科技大学学报,2014,24(2):153-156.

［42］ 王卫东,李昭,严蕾,等. 微波辐照改变煤泥水沉降过滤性能的机理［J］. 煤炭学报,2014,39(S2):503-507.

［43］ 陈军,闵凡飞,刘令云,等. 高泥化煤泥水的疏水聚团沉降试验研究［J］. 煤炭学报,2014,39(12):2507-2512.

［44］ 陈军,闵凡飞,彭陈亮,等. 煤泥水中微细粒在季铵盐作用下的疏水聚团特性［J］. 中国矿业大学学报,2015,44(2):332-340.

［45］ 陈军,闵凡飞,王辉. 微细粒矿物疏水聚团的研究现状及进展［J］. 矿物学报,2014,34(2):181-188.

［46］ 欧阳坚. 微细粒矿物分散和疏水聚团理论与应用研究［D］. 长沙:中南大学,1995:7-10.

［47］ 卢寿慈,宋少先. 微细矿粒在水溶液中的疏水絮凝［J］. 武汉钢铁学院学报,1991,14(1):7-14.

［48］ 卢寿慈. 工业悬浮液:性能,调制及加工［M］. 北京:化学工业出版社,2003.

［49］ YIN W Z,YANG X S,ZHOU D P,et al. Shear hydrophobic flocculation and flotation of ultrafine Anshan hematite using sodium oleate[J]. Transactions of Nonferrous Metals Society of China,2011,21(3):652-664.

[50] 卢寿慈,翁达. 界面分选原理及应用[M]. 北京:冶金工业出版社,1992.

[51] NG W S,SONSIE R,FORBES E,et al. Flocculation/flotation of hematite fines with anionic temperature-responsive polymer acting as a selective flocculant and collector[J]. Minerals Engineering,2015,77:64-71.

[52] 邹文杰,曹亦俊,李维娜,等. 煤及高岭石的选择性絮凝[J]. 煤炭学报, 2013,38(8):1448-1453.

[53] SAHINKAYA H U, OZKAN A. Investigation of shear flocculation behaviors of colemanite with some anionic surfactants and inorganic salts [J]. Separation and Purification Technology,2011,80(1):131-139.

[54] BOYLU F,LASKOWSKI J S. Rate of water transfer to flotation froth in the flotation of low-rank coal that also requires the use of oily collector [J]. International Journal of Mineral Processing,2007,83(3/4):125-131.

[55] 解维伟,贺效威,曹国强,等. 乌海肥煤乳化浮选降灰试验研究[J]. 煤炭工程,2014,46(10):202-204.

[56] OZKAN A, AYDOGAN S, YEKELER M. Critical solution surface tension for oil agglomeration [J]. International Journal of Mineral Processing,2005,76(1/2):83-91.

[57] 徐建平,陈跃华,彭晓琴,等. 煤中黄铁矿硫团聚脱硫的主要影响因素[J]. 煤炭科学技术,2006,34(6):81-84.

[58] 徐建平,陈跃华,蔡昌凤. 复合团聚药剂脱除高硫煤中黄铁矿硫[J]. 北京科技大学学报,2008,30(1):7-10.

[59] 刘杰,刘炯天,李延锋,等. 细粒煤脱水的试验研究[J]. 选煤技术,2008(2):6-9.

[60] SEN S,SEYRANKAYA A,CILINGIR Y. Coal-oil assisted flotation for the gold recovery[J]. Minerals Engineering,2005,18(11):1086-1092.

[61] Z·沙多夫斯基,汪镜亮,雨田. 细粒氧化物的团聚浮选[J]. 国外金属矿选矿,2005,42(6):30-32.

[62] COSTA C A,RUBIO J. Deinking flotation:influence of calcium soap and surface-active substances[J]. Minerals Engineering,2005,18(1):59-64.

[63] 王晖,于润存,符剑刚,等. 油团聚浮选回收尾矿中微细粒辉钼矿的研究[J]. 矿冶工程,2009,29(1):30-33.

[64] 张香亭,刘晨宏,郭东风. 双液浮选脱除煤系高岭土中的铁[J]. 煤炭学报,

2000,25(S1):186-192.

[65] D·科卡巴格,李长根,林森.硫化矿物的双液浮选电化学[J].国外金属矿选矿,2008,45(3):34-38.

[66] 朱阳戈,张国范,冯其明,等.微细粒钛铁矿的自载体浮选[J].中国有色金属学报,2009,19(3):554-560.

[67] LIU J,VANDENBERGHE J,MASLIYAH J,et al. Fundamental study on talc-ink adhesion for talc-assisted flotation deinking of wastepaper[J]. Minerals Engineering,2007,20(6):566-573.

[68] ATEŞOK G,BOYLU F,ÇELİK M S. Carrier flotation for desulfurization and deashing of difficult-to-float coals[J]. Minerals Engineering,2001,14 (6):661-670.

[69] 胡海祥,李广,刘俊,等.载体浮选技术提高某铜矿石选铜回收率的试验研究[J].矿业研究与开发,2013,33(1):31-33.

[70] 严波,郑其,车小奎,等.油墨的疏水聚团磁种分选试验研究[J].环境科学与技术,2010,33(S2):165-168.

[71] 宋少先,崔吉让,卢寿慈.弱磁性矿物颗粒在外磁场中的疏水絮凝[J].有色金属,1997(1):50-55.

[72] 刘建军,吉干芳,王淀佐.微细粒氧化铜矿疏水性团聚浮选的研究[J].有色金属,1991(3):40-46.

[73] 张厚民.用于生产优质纸张和商品浆的混合办公废纸的脱墨[J].国际造纸,2004,23(6):19-21.

[74] SHEN L,ZHU J B,LIU L Y,et al. Flotation of fine kaolinite using dodecylamine chloride/fatty acids mixture as collector [J]. Powder Technology,2017,312:159-165.

[75] 张晓萍,胡岳华,黄红军,等.微细粒高岭石在水介质中的聚团行为[J].中国矿业大学学报,2007,36(4):514-517.

[76] OZKAN A,USLU Z,DUZYOL S,et al. Correlation of shear flocculation of some salt-type minerals with their wettability parameter [J]. Chemical Engineering and Processing:Process Intensification,2007,46(12):1341-1348.

[77] JI Y Q,BLACK L,KÖSTER R,et al. Hydrophobic coagulation and aggregation of hematite particles with sodium dodecylsulfate[J]. Colloids and Surfaces A:Physicochemical and Engineering Aspects,2007,298(3): 235-244.

[78] 宋少先,卢寿慈.非极性油对水中微粒矿物疏水絮凝强化作用的研究[J].

有色金属,1992(3):29-35.

[79] 程晓虎,程晓玲.微细粒高硫煤团聚脱硫工艺条件探索[J].煤质技术,2008(1):45-48.

[80] SONG S X, ZHANG X W, YANG B Q, et al. Flotation of molybdenite fines as hydrophobic agglomerates [J]. Separation and Purification Technology,2012,98:451-455.

[81] UCBEYIAY H. Hydrophobic flocculation and Box-Wilson experimental design for beneficiating fine coal[J]. Fuel Processing Technology,2013,106:1-8.

[82] FU J G, CHEN K D, WANG H, et al. Recovering molybdenite from ultrafine waste tailings by oil agglomerate flotation [J]. Minerals Engineering,2012,39:133-139.

[83] 张兴旺,黄晓毅,来红伟.微细粒辉钼矿疏水聚团浮选研究[J].有色金属科学与工程,2012,3(6):65-68.

[84] SÖNMEZ İ. Application of a statistical design method to the shear flocculation of celestite with Na-Oleate[J]. Colloids and Surfaces A: Physicochemical and Engineering Aspects,2007,302(1/2/3):330-336.

[85] 张晓萍.微细粒高岭石与伊利石疏水聚团的机理研究[D].长沙:中南大学,2007.

[86] 张兴旺.微细粒辉钼矿聚团浮选研究[D].武汉:武汉科技大学,2010.

[87] 姜腾达.粘土矿物对水中 Pb^{2+}、Cu^{2+}、Cd^{2+} 的吸附及机理研究[D].长沙:中南大学,2014.

[88] RIDHA A, ADERDOUR H, ZINEDDINE H, et al. Aqueous silver (i) adsorption on a low density Moroccan silicate[J]. Annales de Chimie Science des Matériaux,1998,23(1/2):161-164.

[89] 王绍文,姜凤有.重金属废水治理技术[M].北京:冶金工业出版社,1993.

[90] 王宜鑫.粘土矿物材料对重金属离子的吸附机理探讨[D].扬州:扬州大学,2007.

[91] 李亚峰,刘铁成,曹丽丹.洗煤废水难处理的原因及处理方法研究[J].矿业安全与环保,1999,26(2):55-57.

[92] 刘晓文,胡岳华,黄圣生,等.高岭土的化学成分与表面电性研究[J].矿物学报,2001,21(3):443-447.

[93] 刘令云,闵凡飞,张明旭,等.破碎解理方式对高岭石颗粒电动特性的影响[J].中国矿业大学学报,2014,43(4):689-694.

[94] 崔吉让,方启学,黄国智.一水硬铝石与高岭石的晶体结构和表面性质[J]. 有色金属,1999(4):25-30.

[95] 胡阳,刘令云,宋少先,等.胶体高岭土悬浮液的疏水聚团[J].非金属矿, 2013,36(3):7-9.

[96] HU Y,LIU L Y,MIN F F,et al. Hydrophobic agglomeration of colloidal kaolinite in aqueous suspensions with dodecylamine[J]. Colloids and Surfaces A: Physicochemical and Engineering Aspects, 2013, 434: 281-286.

[97] ZHANG X P,HU Y H,LIU R Q. Hydrophobic aggregation of ultrafine kaolinite[J]. Journal of Central South University of Technology,2008,15 (3):368-372.

[98] FORESMAN J B, FRISCH A. Exploring chemistry with electronic structure methods[M]. Pittsburgh:Gaussian Inc. ,1996.

[99] PERDEW J P, KURTH S. Density functionals for non-relativistic coulomb systems in the new century[C]//A Primer in Density Functional Theory. [S. l.]:Springer,2003.

[100] WANG J,XIA S W,YU L M. Adsorption of Pb(II) on the kaolinite (001) surface in aqueous system:a DFT approach[J]. Applied Surface Science,2015,339:28-35.

[101] PENG C L, MIN F F, LIU L Y, et al. A periodic DFT study of adsorption of water on sodium-montmorillonite (001) basal and (010) edge surface[J]. Applied Surface Science,2016,387:308-316.

[102] PENG C L, MIN F F, LIU L Y, et al. The adsorption of $CaOH^+$ on (001) basal and (010) edge surface of Na-montmorillonite:a DFT study [J]. Surface and Interface Analysis,2017,49(4):267-277.

[103] RATH S S,SAHOO H,DAS B,et al. Density functional calculations of amines on the (101) face of quartz[J]. Minerals Engineering,2014,69: 57-64.

[104] LAMMERS L N, BOURG I C, OKUMURA M, et al. Molecular dynamics simulations of cesium adsorption on illite nanoparticles[J]. Journal of Colloid and Interface Science,2017,490:608-620.

[105] 陈攀,孙伟,岳彤.季盐在高岭石(001)面上的吸附动力学模拟[J].中国矿 业大学学报,2014,43(2):294-299.

[106] 国家质量监督检验检疫总局,中国国家标准化管理委员会.煤炭筛分试验

方法:GB/T 477—2008[S].北京:中国标准出版社,2009.

[107] 闵凡飞,张明旭,朱金波.高泥化煤泥水沉降特性及凝聚剂作用机理研究[J].矿冶工程,2011,31(4):55-58.

[108] 李敏.煤表面含氧官能团的研究[D].太原:太原理工大学,2004.

[109] 胡阳.表面活性剂诱导的胶体高岭石疏水团聚研究[D].武汉:武汉理工大学,2013.

[110] 范彬,刘炯天.水质硬度对选煤厂循环水澄清的影响[J].中国矿业大学学报,1999,28(3):296-299.

[111] 朱学栋,朱子彬,韩崇家,等.煤中含氧官能团的红外光谱定量分析[J].燃料化学学报,1999,27(4):335-339.

[112] KELEMEN S R,AFEWORKI M,GORBATY M L,et al. Characterization of organically bound oxygen forms in lignites,peats,and pyrolyzed peats by X-ray photoelectron spectroscopy (XPS) and solid-state ^{13}C NMR methods[J]. Energy & Fuels,2002,16(6):1450-1462.

[113] GRZYBEK T,PIETRZAK R,WACHOWSKA H. X-ray photoelectron spectroscopy study of oxidized coals with different sulphur content[J]. Fuel Processing Technology,2002,77/78:1-7.

[114] 杨志远,周安宁,张泓,等.神府煤不同密度级组分光催化氧化的 XPS 研究[J].中国矿业大学学报,2010,39(1):98-103.

[115] KOZŁOWSKI M. XPS study of reductively and non-reductively modified coals[J].Fuel,2004,83(3):259-265.

[116] 相建华,曾凡桂,李彬,等.成庄无烟煤大分子结构模型及其分子模拟[J].燃料化学学报,2013,41(4):391-399.

[117] LIU F R,LI W,GUO H Q,et al. XPS study on the change of carbon-containing groups and sulfur transformation on coal surface[J].Journal of Fuel Chemistry and Technology,2011,39(2):81-84.

[118] WÓJTOWICZ M A,PELS J R,MOULIJN J A. The fate of nitrogen functionalities in coal during pyrolysis and combustion[J].Fuel,1995,74(4):507-516.

[119] SCHMIERS H,FRIEBEL J,STREUBEL P,et al. Change of chemical bonding of nitrogen of polymeric N-heterocyclic compounds during pyrolysis[J].Carbon,1999,37(12):1965-1978.

[120] ZHANG Y C,ZHANG J,SHENG C D,et al. X-ray photoelectron spectroscopy (XPS) investigation of nitrogen functionalities during coal

char combustion in O_2/CO_2 and O_2/Ar atmospheres[J]. Energy & Fuels,2011,25(1):240-245.

[121] 刘才群.用红外光谱法研究高岭石矿物[J].中国陶瓷,1989,25(1):9-13.

[122] 管俊芳,程飞飞,陈阳.高岭土补强 NR/SBR/BR 的红外光谱研究[J].硅酸盐通报,2014,33(4):720-723.

[123] SONG S X, LOPEZ-VALDIVIESO A, REYES-BAHENA J L, et al. Hydrophobic flocculation of galena fines in aqueous suspensions[J]. Journal of Colloid and Interface Science,2000,227(2):272-281.

[124] 凌石生,张文彬.铝土矿反浮选脱硅药剂研究概述[J].国外金属矿选矿,2008,45(2):20-24.

[125] MIN F,PENG C,SONG S X. Hydration layers on clay mineral surfaces in aqueous solutions:a review[J]. Archives of Mining Sciences,2014,59:489-500.

[126] 吴美芝,刘亚利,曾明.溴百里酚蓝标记分光光度法测定废水中季胺盐型表面活性剂[J].精细化工中间体,2002,32(6):55-57.

[127] 国家质量监督检验检疫总局,中国国家标准化管理委员会.选煤厂煤泥水自然沉降试验方法:GB/T 26919—2011[S].北京:中国标准出版社,2012.

[128] NIKOOBAKHT B,EL-SAYED M A. Evidence for bilayer assembly of cationic surfactants on the surface of gold nanorods[J].Langmuir,2001,17(20):6368-6374.

[129] PARUCHURI V K,FA K Q,MOUDGIL B M,et al. Adsorption density of spherical cetyltrimethylammonium bromide (CTAB) micelles at a silica/silicon surface[J]. Applied Spectroscopy,2005,59(5):668-672.

[130] 张国范,马军二,朱阳戈,等.含硅抑制剂对钛辉石的抑制作用[J].中国有色金属学报,2010,20(12):2419-2424.

[131] 李宏亮,闵凡飞,彭陈亮.不同 Ca^{2+} 浓度及 pH 值溶液中高岭石颗粒表面 Zeta 电位模拟[J].中国矿业大学学报,2013,42(4):631-637.

[132] SCHROTH B K. Surface charge properties of kaolinite[J]. Clays and Clay Minerals,1997,45(1):85-91.

[133] 刘令云,闵凡飞,张明旭,等.微细高岭石颗粒在惰性电解质溶液中的质子化和去质子化作用[J].煤炭学报,2013,38(4):662-667.

[134] 刘春福,闵凡飞,陈军,等.季铵盐与混凝剂复配处理高泥化煤泥水的试验研究[J].中国煤炭,2014,40(12):81-86.

［135］ 田秉晖,栾兆坤,潘纲.阳离子聚电解质聚二甲基二烯丙基氯化铵的絮凝机理初探［J］.环境科学学报,2007,27(11):1874-1880.

［136］ WANDREY C, HERNÁNDEZ-BARAJAS J, HUNKELER D. Diallyldimethylammonium chloride and its polymers ［C］//Radical Polymerisation Polyelectrolytes.［S. l.］:Springer,1999:123-183.

［137］ MATSUMOTO A. Polymerization of multiallyl monomers［J］. Progress in Polymer Science,2001,26(2):189-257.

［138］ VAZ C M P,HERRMANN P S P,CRESTANA S. Thickness and size distribution of clay-sized soil particles measured through atomic force microscopy［J］. Powder Technology,2002,126(1):51-58.

［139］ ŠOLC R,GERZABEK M H,LISCHKA H,et al. Wettability of kaolinite (001) surfaces—Molecular dynamic study［J］. Geoderma, 2011, 169: 47-54.

［140］ PERDEW J P, BURKE K, ERNZERHOF M. Generalized gradient approximation made simple［J］. Physical Review Letters,1996,77(18): 3865-3868.

［141］ CLARK S J, SEGALL M D, PICKARD C J, et al. First principles methods using CASTEP［J］. Zeitschrift Für Kristallographie-Crystalline Materials,2005,220(5/6):567-570.

［142］ VANDERBILT D. Soft self-consistent pseudopotentials in a generalized eigenvalue formalism［J］. Physical Review B,Condensed Matter,1990,41 (11):7892-7895.

［143］ 韩永华,刘文礼,陈建华,等.羟基钙在高岭石两种(001)晶面的吸附机理［J］.煤炭学报,2016,41(3):743-750.

［144］ TKATCHENKO A,SCHEFFLER M. Accurate molecular van der Waals interactions from ground-state electron density and free-atom reference data［J］. Physical Review Letters,2009,102(7):073005.

［145］ BUČKO T,LEBÈGUE S,HAFNER J,et al. Tkatchenko-Scheffler van der Waals correction method with and without self-consistent screening applied to solids［J］. Physical Review B,2013,87(6):064110.

［146］ HAN Y H,LIU W L,CHEN J H. DFT simulation of the adsorption of sodium silicate species on kaolinite surfaces［J］. Applied Surface Science, 2016,370:403-409.

［147］ MONKHORST H J, PACK J D. Special points for Brillouin-zone integrations[J]. Physical Review B,1976,13(12):5188-5192.

[148] HU X L,MICHAELIDES A. Water on the hydroxylated (001) surface of kaolinite:from monomer adsorption to a flat 2D wetting layer[J]. Surface Science,2008,602(4):960-974.

[149] BISH D L. Rietveld refinement of the kaolinite structure at 1.5 K[J]. Clays and Clay Minerals,1993,41(6):738-744.

[150] 陈建华. 硫化矿物浮选固体物理研究[M]. 长沙:中南大学出版社,2015.

[151] 陈军,闵凡飞,刘令云,等. 不同胺/铵阳离子在高岭石(001)面吸附的密度泛函计算[J]. 煤炭学报,2016,41(12):3115-3121.

[152] GEATCHES D L,JACQUET A,CLARK S J,et al. Monomer adsorption on kaolinite:modeling the essential ingredients[J]. The Journal of Physical Chemistry C,2012,116(42):22365-22374.

[153] CHEN J,MIN F F,LIU L Y,et al. Experimental investigation and DFT calculation of different amine/ammonium salts adsorption on kaolinite [J]. Applied Surface Science,2017,419:241-251.

[154] WISER W H. Conversion of bituminous coal to liquids and gases:chemistry and representative processes[C]//Magnetic Resonance. [S. l.]:Springer,1984.

[155] CARLSON G A. Computer simulation of the molecular structure of bituminous coal[J]. Energy & Fuels,1992,6(6):771-778.

[156] CYGAN R T,LIANG J J,KALINICHEV A G. Molecular models of hydroxide,oxyhydroxide,and clay phases and the development of a general force field[J]. The Journal of Physical Chemistry B,2004,108 (4):1255-1266.

[157] BERENDSEN H J C,POSTMA J P M,GUNSTEREN W F,et al. Interaction models for water in relation to protein hydration [C]// Intermolecular Forces. [S. l.]:Springer,1981:331-342.

[158] HEINZ H,LIN T J,MISHRA R K,et al. Thermodynamically consistent force fields for the assembly of inorganic,organic,and biological nanostructures:the INTERFACE force field[J]. Langmuir:the ACS Journal of Surfaces and Colloids,2013,29(6):1754-1765.